わかりやすい電子物性
―― はじめて学ぶ電子工学 ――

工学博士　上野　智雄　著

コロナ社

まえがき

　皆さんは，最近「なるほど！」と思ったことがどのくらいあるだろうか？すでに記憶の彼方ではあるが，著者の経験では比較的「なるほど！」が多かった中学あるいは高校時代に比べて，大学の電気電子系分野に進んでしばらくの間はその経験がほとんどなく，記憶力という観点ではすでに退化が始まっている脳みそに鞭打って，試験直前に一所懸命覚えたっけ…，という記憶しか残っていない。当然，そんな一夜漬けで覚えたものなんて，試験が終わってしまえばすっかり忘却の彼方。いまの時代でいえば，ネットで調べた電話番号に電話した後の電話番号それ自体みたいなものといえば，その状況はご理解いただけるかと思う。

　本書は，かつて読者の皆さんとまったく同じ立場の受講者であり，いまはそれを教える立場に立っている著者が，電子回路や電子物性などの講義の経験を通じて，それらをどのように説明すれば初学者である読者が理解しやすいかを念頭に置いて書かれたものである。ベースとなっているのは，自分自身の学生時代（それもその大半は大学院に進学してから），「そういうことだったのか！なるほど！」と思った内容，すなわち理解できたときの思考過程である。我々がものを理解できるか否かは，基本的にはそれまでの実体験に基づいていると著者は信じている。それを筆者はあえて「幼児体験」と呼んでいるが，例えば高校課程において力学は比較的理解しやすい。それは，高いところからモノを落としたほうが，低いところから落とすより，落ちた先にあるつま足は痛いという幼児体験があるからこそ，$mgh = mv^2/2$ という式が比較的スムーズに頭に入ってくるものと考える。しかしながら，$V = IR$ をはじめとする電気電子

分野に関する諸式および物理現象は，それのベースとなる幼児体験は皆無といってよい。本書は，半導体物性やそれを使ったダイオード，トランジスタ，および，それらを用いる増幅回路などにおける各素子の動作を，でき得る限り，我々が有する実体験をベースに解説し，読者の皆様にできるだけ多くの「なるほど！」を満喫してもらうことを目的としている。

2013年3月

著　者

目　次

0. 電気をイメージする ── 電気の可視化 ──

0.1　オームの法則の可視化……………………………………………2
0.2　交流の可視化………………………………………………………4
0.3　ドライヤのパワー…………………………………………………6
0.4　ま　と　め…………………………………………………………9

1. 電子の動きを理解する

1.1　電　流　の　実　際……………………………………………10
1.2　「モノ」の移動と「電子」の移動………………………………12
1.3　「ヒト」の移動と「電子」の移動………………………………15
1.4　電流の2要素 ── ドリフト電流と拡散電流 ── …………16
1.5　ま　と　め…………………………………………………………17

2. 電子にとっての位置エネルギーと力学的位置エネルギーの比較

2.1　原　子　の　構　造……………………………………………18
2.2　「モノ」が落ちる現象と力学的位置エネルギー…………………21
2.3　宇宙から「モノ」を落とす？……………………………………23
2.4　ばねの伸びと力学的位置エネルギー……………………………26
2.5　電子にとっての位置エネルギー…………………………………29
2.6　ま　と　め…………………………………………………………33

3. 固体における電気伝導 —— エネルギーバンドの形成 ——

- 3.1 単原子, 2原子, N原子固体における電子のエネルギー（ナトリウム）……34
  - 3.1.1 単原子ナトリウム…………………………………………………35
  - 3.1.2 2原子ナトリウム…………………………………………………37
  - 3.1.3 N原子ナトリウム…………………………………………………41
  - 3.1.4 ナトリウムにおけるエネルギーバンド形成のまとめ……………44
- 3.2 単原子, 2原子, N原子固体における電子のエネルギー（シリコン）…45
  - 3.2.1 単原子シリコン……………………………………………………45
  - 3.2.2 2原子シリコン……………………………………………………46
  - 3.2.3 N原子シリコン……………………………………………………48
  - 3.2.4 シリコンにおけるエネルギーバンド形成のまとめ………………50

4. 半導体はなぜ「半・導体」か？

- 4.1 新しい概念の導入……………………………………………………52
- 4.2 フェルミ・ディラック分布関数の形………………………………53
- 4.3 フェルミ・ディラック分布関数の意味と特徴……………………55
- 4.4 金属, 半導体, 絶縁体………………………………………………58
- 4.5 ま と め………………………………………………………………59

5. 半導体におけるキャリヤ生成の考え方 —— 自由電子とホール ——

- 5.1 実際の構造とエネルギーバンド図との対比………………………61
- 5.2 自由電子と正孔（ホール）…………………………………………64
- 5.3 真性キャリヤ密度……………………………………………………72
- 5.4 ま と め………………………………………………………………76

6. 半導体における不純物とは？

- 6.1 n 型 半 導 体…………………………………………………………78
  - 6.1.1 実際の構造とエネルギーバンド図との対比………………………78
  - 6.1.2 フェルミ準位の温度依存性 —— 極低温から低温の領域 ——……84

6.1.3　フェルミ準位の温度依存性 ── 室温から高温の領域 ────── 88
　　　6.1.4　n型半導体のまとめ ─────────────────────── 95
　6.2　p 型 半 導 体 ──────────────────────────── 98
　　　6.2.1　実際の構造とエネルギーバンド図との対比 ─────────── 98
　　　6.2.2　フェルミ準位の温度依存性 ── 極低温から低温の領域 ───── 104
　　　6.2.3　フェルミ準位の温度依存性 ── 室温から高温の領域 ───── 108
　　　6.2.4　p型半導体のまとめ ─────────────────────── 115
　6.3　ま　　と　　め ──────────────────────────── 116

7.　真性，n型，p型各半導体のキャリヤ生成の考え方

　7.1　キャリヤ生成の考え方 ───────────────────────── 117
　7.2　フ ェ ル ミ 準 位 ──────────────────────────── 121
　7.3　半導体の耐熱温度 ────────────────────────── 122
　7.4　ま　　と　　め ──────────────────────────── 126

8.　固体結晶内におけるキャリヤ伝導の式

　8.1　電界によるキャリヤの動き（ミクロ版） ─────────────── 128
　8.2　電界によるキャリヤの動き（マクロ版） ─────────────── 135
　8.3　ド リ フ ト 電 流 ──────────────────────────── 137
　8.4　拡散現象とそれに伴う電流 ──────────────────── 139
　8.5　全電流の式とアインシュタインの関係 ────────────── 144
　8.6　ま　　と　　め ──────────────────────────── 145

9.　電磁気学の教えるところ ── ポアソン方程式 ──

　9.1　電磁気学の教えるところ ────────────────────── 146
　9.2　ポアソン方程式を使った解析例 ───────────────── 153
　9.3　平行平板コンデンサのエネルギーバンド図表現 ─────── 155
　9.4　各種電荷分布によって生じる電界・電位差 ─────────── 157
　　　9.4.1　電荷分布の例（1） ─────────────────────── 157
　　　9.4.2　電荷分布の例（2） ─────────────────────── 158

9.4.3　電荷分布の例（3）……………………………………………… 160
9.5　ま　と　め ………………………………………………………… 162

10.　pn接合ダイオードとその電気特性

10.1　理想ダイオードの回路図記号・特性とその意味………………… 163
10.2　現実のダイオードの特性例………………………………………… 164
10.3　シリコンpn接合ダイオードの構造とエネルギーバンド図……… 166
10.4　順バイアス印加…………………………………………………… 173
10.5　逆バイアス印加…………………………………………………… 177
10.6　ま　と　め ………………………………………………………… 178

11.　金属 - 半導体接触

11.1　仕　事　関　数 …………………………………………………… 179
11.2　金属 - 半導体接触の組合せパターン …………………………… 181
11.3　金属 - 半導体接触（1）——金属A，B/p型半導体，金属A/n型
　　　半導体のパターン—— …………………………………………… 182
11.4　金属 - 半導体接触（2）——金属C/p型半導体，金属B，C/n型
　　　半導体のパターン—— …………………………………………… 188
11.5　ショットキー障壁（ショットキーバリヤ）……………………… 195
11.6　金属 - 半導体接触の実用上の問題と解決法 …………………… 199
11.7　ま　と　め ………………………………………………………… 201

12.　バイポーラトランジスタとその電気特性

12.1　バイポーラトランジスタの詳細構造と各端子の役割 ………… 203
12.2　特性グラフを読む………………………………………………… 205
12.3　特性を生じさせる要因…………………………………………… 206
12.4　増　幅　と　は …………………………………………………… 211
12.5　ま　と　め ………………………………………………………… 213

索　　　引 ……………………………………………………………… 214

0 電気をイメージする
── 電気の可視化 ──

　この本を手にする人は，すでに電圧，電流，電界などの言葉は耳にしており，抵抗 R に電圧 V を与えたときに流れる電流 I はオームの法則によって $I=V/R$ と表されることを学んでいるであろう。また，$mgh=mv^2/2$ なる力学の式も学んでおり，すでに数多くの演習問題をこなしてきているはずである。

　一方，それぞれの式が表す意味となると，前者は後者ほど理解されていない。著者が思うにこの理由は単純明快であり，それは後者が幼児体験ですでに定性的に会得している物理現象を（単に）定式化している（だけな）のに対し，前者はそのような幼児体験なしに天下り的に覚え込まされたものだからである。

　2乗の関係になるかどうかは別として，高いところから落とした石は，低いところから落とした石よりも足の上に落ちてきたときのスピード（すなわち痛み）が大きいということは，幼児体験を経たものであれば必ず知っていることであろう。しかし，抵抗 R を小さくすると電流 I が増えるという現象は，少なくとも幼児体験では得られないはずである。

　ここに，電気電子分野の難しさがあると著者は考えている。逆にいえば，電気電子分野で扱う電圧，電流，電界，…，その他の物理量を，幼児体験で我々が会得しているものに置き換えて考えることができれば，おのずから定性的な現象は理解済みということになり，あとはそのイメージに添った形の式を追っていけばよいだけになるだろう。

　本書では第一に，頭の中で電気（電圧，電流，電界）をイメージすることを目的とし，それをベースに電子物性工学やアナログ・ディジタル各電子回路といった大学の電子工学分野で初めて学ぶ内容を理解できる土壌を作ることを目的としている。

0.1 オームの法則の可視化

さて,小学生あるいは中学生時代から学ぶオームの法則と,それを可視化してみたものをあわせて図 0.1 に示す。そもそも電池という言葉は「電」気の「池」という漢字があてはめられていることから,図のような「電気」なるものがたくさんたまっているものと考えられるだろう。まずは第一段階として高いほうの池を電池の＋極,低いほうの池を−極と仮決めしてみよう。電圧はいわゆるその「電気」なるものがたまる場所の位置の差であり,電池が満タンの場合はすべての「電気」が電圧の値だけ高い位置にある池にたまっており,低いほうの池が「カラ」の状態とイメージできる。電圧は**電位差**とも呼ばれるが,まさしく「電」気的な「位」置の「差」を表している。さて,この電池に抵抗が接続されているということを,高い位置にある池と低いところの池が管によってつながれていると考えてみよう。すると,その管の太さを表す尺度(正確には管の太さの逆数)が抵抗 R と考えられる。言い換えれば,その管の,「電気」の移動を妨げる程度を表すバロメータが抵抗 R となるであろう。そこを通って「電気」が下に落下する。その際に管を通る「電気」の量が「電」気の「流」れ,すなわち電流である。この可視化されたオームの法則から容易に推測できることは,管が太くなればそれだけ「電気」の移動を妨げる程度が

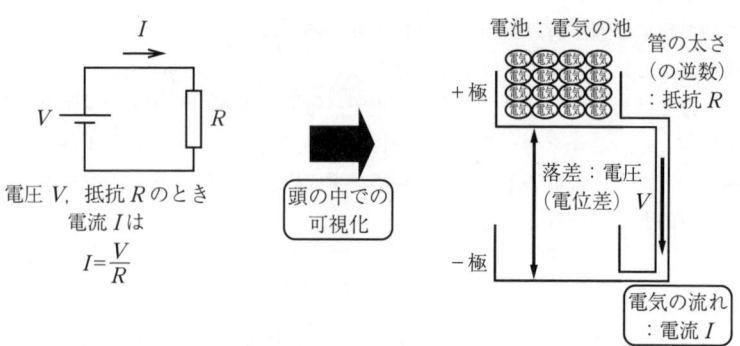

図 0.1　オームの法則

小さくなり，その結果「電気」の流れが多くなることであり，抵抗 R が小さくなることによる電流 I の増大が直観的にわかるはずである。

ではここに，管を並列に追加した場合に流れる「電気」の量はどうなるであろうか？**図 0.2** にその可視化した図を，一般の回路図とともに示す。通路の細い管と通路の太い管が仕切りを挟んで並べられており，そこの両通路を通って「電気」が流れることができる。細い管は流れに対する抵抗が大きく，太い管はその抵抗が小さいので，図に示したようにたくさんの電気が，スムーズに通れる太い管を通じて流れるだろう。ここで大切なことは，二つの管を流れる「電気」の総量は，太い管（抵抗が小さい管）を流れる量でほぼ決定されているということである。

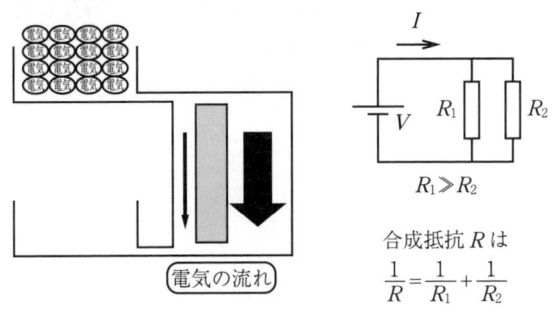

図 0.2 並列回路

一方，右上のような見慣れた回路図が掲載されている。これまで学んだ教科書等では，抵抗 R_1 と R_2 とが並列に接続されている場合（可視化した図の大小関係に抵抗値を合わせるとすれば，管の太さの逆数が抵抗値であるから $R_1 \gg R_2$ となる），合成抵抗 R は

$$\frac{1}{R} = \frac{1}{R_1} + \frac{1}{R_2} \tag{0.1}$$

という値で示されると記載されているのが一般的である。もちろん，式 (0.1) は演習問題を解いていく過程で記憶されてしまうものではあるが，この式の本質は，「抵抗の並列接続における合成抵抗値は，小さい値のものに引きずられる」，すなわち，式 (0.1) の右辺の $1/R_1$ と $1/R_2$ とを比べたとき，分母の小さ

いもののほうが和に寄与する割合が大きく，結果として得られる合成抵抗値は小さな値に近く，かつそれよりもさらに少しだけ小さな値となる，ということを物語っているということである．ここで具体的な例を挙げてみよう．$R_1 = 10\,\Omega$，$R_2 = 1\,\Omega$ とした場合，式 (0.1) を用いて合成抵抗値 R を求めれば，$R = 10/11\,\Omega ≒ 0.91\,\Omega$ となる．この値は確かに，小さな抵抗値である R_2 ($1\,\Omega$) に近く，かつそれよりもさらに少しだけ小さな値になっていることは明らかであろう．このような観点で再び可視化した図における電気の流れを眺めてみたとき，仮に，細い管と太い管の間の仕切りをなくし，それぞれの管をまとめて1本の管にしてしまっても，流れる総量は変わらないはずであり，まとめて1本にした管の太さは広い管よりほんの少しだけ太いので，その逆数である抵抗値は太い管のそれよりほんの少しだけ小さくなることが容易に想像できるであろう．なお，コンデンサ C の直列接続においても，合成容量を求める式は，式 (0.1) と同様の形になっており，上記と同様，「容量の直列接続における合成容量値は，小さい値のものに引きずられる」という結論を導き出すことができる．

0.2 交流の可視化

家庭で日常用いる電化製品，すなわちテレビや冷蔵庫，ドライヤなどは，その電源をコンセントから得るのが一般的であろう．実際に，現在この文章を書いている著者の机の上を見てみたとき，パソコンやモニタ，プリンタ，はたまた電話の充電器まで，たくさんの電源コードがコンセントあるいはコンセントから延長したテーブルタップに所狭しと差し込まれている．このコンセントの電圧は，これまでに電気回路関連の講義で学ん

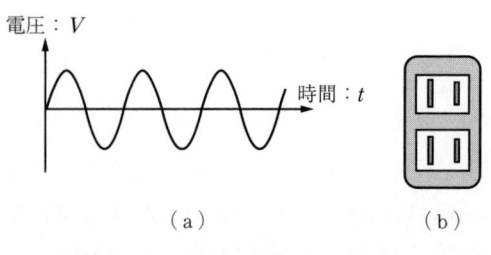

図 0.3 コンセントの電圧とコンセント

だように，**図0.3(a)**のような正弦波波形になっているということをこの本の読者はすでに知識として知っているであろう．ただし，この波形が図(b)に示した実際のコンセントの何に対応しているのかという質問を投げかけても，近年，なかなか答えが返ってこないのは残念なことである．

　図(a)に示した電圧波形は，横軸が時間，縦軸が電圧となっていて，時間とともに電圧の値が時々刻々と変化していることはわかる．この縦軸の値こそ，コンセントの左右それぞれの差込口の内部にある金属端子間の，それぞれの時間に対応した電圧すなわち電位差を表している．これを可視化した図として具体的に**図0.4**に示そう．コンセントの電圧波形とは，コンセントの左側の金

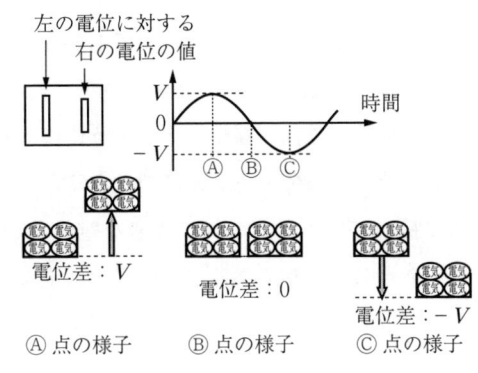

図0.4　コンセントの電圧変化の様子

属端子の「電」気的な「位」置すなわち電位を基準に，コンセント右側の端子の電位が相対的にどのくらいのところに位置するかを各時間ごとに示したものである．電圧波形のⒶ点の時間的瞬間には，左側端子の電位に対して，右側端子の電位がⒶ点のところのグラフの縦軸値 V に対応した分だけ高いことを示しており，Ⓒ点の瞬間には，左側の電位に対して，右側の電位がそこのグラフの縦軸値分 $-V$ だけ高い（表現を変えれば，V だけ低い）ことを示している．このように左右の電位の差が時々刻々と変わり，その上下関係さえも逆転するコンセントに，例えば電気スタンドをつないだとしよう．電気スタンドの電球も，図0.1に示した抵抗のようなものと考えられるから，左右の電気の池の間を，抵抗値の逆数の太さを持つホースでつなぐようなイメージになるであろう．この場合も，電源の電位差に応じて「電気」が上から下へ落下し，電球はその際に「電気」が失う位置エネルギーを受け取り，熱や光として放出する．この場合，先の図0.1と異なる点は，電位差が時間とともに変化すること

から，電流の向きと大きさが時々刻々と変化し，その瞬間瞬間に受け取る電気のエネルギーの値が異なることである．実際，図 0.4 における Ⓑ 点では，コンセント左右の電位差が 0 となり，この瞬間は電気の落下は起こらず，エネルギー放出は 0，すなわち電球は消えているはずであるとの予測がつく．

　図 0.3，図 0.4，あるいは，それらよりも現在この本を読んでいる読者の最も身近にある実際のコンセントの形状を注意深く見てほしい．左右の差込口の長さに違いがあることに気付くであろう．電位差を得るという観点ではその相違を意識する必要はまったくないが，実際には，長いほうを**アース**（earth；地球，大地，地面）電位とするように決められており，いわゆる地面の電位と同じ電位となっている．余談ではあるが，感電という現象は例えば，指先と地面に接している足との間に大きな電位差が生じたとき体内を貫通する電流によって生じる衝撃であるが，仮に手に金属製クリップを持ったまま，誤ってコンセントのどちらかにそのクリップを突っ込んでみたとしても，1/2 の確率で感電は免れるということを意味している（もちろん読者の方々には，運試しに自分の命を犠牲にするリスクを負うまねはしないでいただきたい．さらに，長いほうならば…，と安易にこの本を信じないでほしい．君が触ろうとしているそのコンセントを設置，配線した方を知っていて，彼が本当に信頼できる人間だったとしても，その後，夜中に建築現場に忍び込んで逆につなぎ変える悪人がいるかもしれない…．本当にどちらかの端子がアース電位と同電位かどうかを調べるために，この本の読者であればテスタというものが世の中に存在することを知っているであろう…）．なお，図 0.4 に示したコンセント電圧のピーク値 V は $100\sqrt{2}$ V であるが，一般にはこれを実効値で表し，AC 100 V と表現することはご存知であろう．

0.3　ドライヤのパワー

　「もっと強力なパワーのドライヤってないの？私，髪の毛が多いから普通のじゃあ乾かすのに時間がかかってしょうがないんだよね．」「はあ，当店での扱

いはここにあるものだけでございまして…」。あるとき著者は，家電量販店の店頭で女子生徒と彼女に詰め寄られた店員とのやり取りを耳にしたことがある。こういう答え方をするから，電気のことがますますわからなくなってしまうのである。「1500 W なんてケチなことはいわずに，特別注文をしていただければ 2000 W でも 3000 W でも作ることはできます。ただ，あなたの家が火事になる可能性がありますが，それでもよろしいですか？」という答えをすべきなのである（しかし，このような答え方をすれば，ますます電気が嫌いになることは必定であるが）。ここで W というのは電力の単位であり，一般に実効値で表した電圧×電流で求められる量と考えてよい。多分この女子生徒は，ドライヤはコンセントに挿して使うことを前提としていて，よもや専用電源を用意しようとは考えていないであろうとの著者の勝手な推測に基づいて話を進めたい。コンセントの電位差は前述のようにピーク値 $\pm 100\sqrt{2}$ V と定まっており，実効値は 100 V であるから，ドライヤのヒータ部分を太くするなり短くするなりして抵抗値を下げれば，それだけ流れる電流量を増やすことができ，結果として 3000 W のドライヤを作ることはできる。したがって，ここで求められる電流実効値は 30 A ということになるであろう。

　一方，先ほど 0.2 節で見た実際のコンセントをさらに注意深く見てもらえれば，15 A 125 V との記載を見つけ出すことができるだろう。この場合大事なのは 15 A との表記のほうで，このコンセントには 15 A までしか流してはいけませんという意味である。裏を返せば，我々はやりようによっては，そのコンセントに 15 A 以上の電流を流すことができるということである。けっきょく，コンセントに挿す機器は我々が任意に選べるので，抵抗値の小さな，いわゆる管の太さが太い機器を接続することは原理上可能であり，結果としてコンセントに多大な電流を流すことが可能である。図 0.5 に示すような配電盤（各家庭のブレーカが設置されて

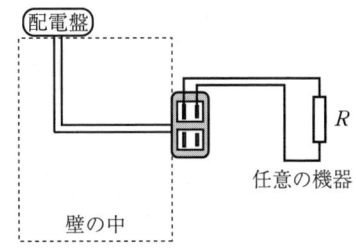

図 0.5　コンセント以前とコンセント以降

いるもの）から壁の中を通ってコンセントまで来ている電線は，基本的に15Aまでの使用を前提とした金属線が使われている．これは，電線の金属にもきわめて小さいながらも抵抗があり，その値をR'とすればI^2R'の電力が消費され，結果として壁の中の電線が多少なりとも暖まることになるという事実に基づいている．図0.5に示したように，コンセントに挿す機器は任意のものが選べるので，機器の抵抗Rの値によって，壁の中の電線で消費される電力を調整可能である．すなわち，市販の機器のような，コンセントに記載された電流までしか流さないように（正しく）設計されたものなら，I^2R'の電力が熱として壁の中に放出されてもたいした影響はないが，特別注文の機器を用いることで電流値が倍になれば電力は2乗で効いてくるので発熱量も無視できなくなる．実際に普通に市販されているドライヤでも，長時間使っているとドライヤに接続されている電源コード自体が温まってくるのを体感したことのある読者もいるだろう．なるべく安物のドライヤのほうがそれを感じやすいが，その原因の一つとして，安物は電源コードも安いものを用い（通常，そのコードの中には比較的安価な銅が電線として使われているが），さらにコストを下げるべく銅自体の使用量を極力抑えるため細い電線が用いられていることが多く，実際に抵抗値が大きく発熱を体感できる（？）のである．

金属の配線にも抵抗があるということを踏まえた，電源から配線，およびヒータを含めてドライヤの系全体を可視化してみたものを**図0.6**に示す．図（a）は，通常市販のドライヤの場合であり，図（b）は女子生徒の要望に応じ

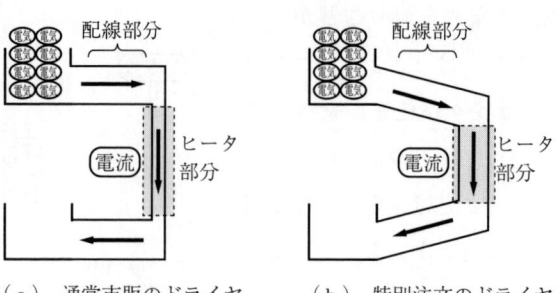

（a）通常市販のドライヤ　　（b）特別注文のドライヤ

図0.6　電源からドライヤまでの可視化イメージ

て作った特別注文のドライヤを用いた場合である．いずれもコンセントから供給される電圧を電源として用いているのであるから，実際には電源の高さの差は$\pm 100\sqrt{2}$ Vをピーク値として時々刻々と変わるのであるが，紙の上ではアニメーションは使用できないので，図にはある時間瞬間の様子を例として示している．

さて，図（a）の場合は，ヒータ部分の抵抗が比較的大きく管の太さが細いので，電源から与えられたある電位差によって流れる電流値はかなり制限されることになる．一方，図（b）の場合は，ヒータ部分の抵抗を小さくする，すなわち管の太さを太くすることで，同じ電位差でたくさんの電流が流れるように設計されている．ここで重要なことは，たくさんの電流が流れる場合には，金属の抵抗 R' の存在が，それが使われている配線部分に無視し得ない程度の電位差（$V=IR'$）を生じさせ，結果としてヒータ部分だけでなく，電源コードおよび壁の中の配線部分も暖まってしまうことになる．

実際にはもちろん，万が一特別注文のドライヤを入手できたとしても，配電盤から各コンセントへつながるところには，家全体のブレーカとは別にそれぞれ小さい容量のブレーカ（20 Aが一般的）が取り付けられており，壁の中が火事になる前に，そのブレーカが電流を遮断してくれる．

0.4 ま と め

電圧（電位差），電流，抵抗といった，目に見えないものをこれまで一所懸命学んできた読者の方々に，ぜひそれらを可視化することによる理解のしやすさを実感していただくために，あえて「0章」を作ってみた．読者の方々が，以前より視界が晴れたと実感してくれたのであれば，とりあえず0章を作った目的が達せられたと思う．

1 電子の動きを理解する

　電流とは電子の動きである。知識としてそう習ってきた読者の方も，それを実際に見た方は残念ながらいないと思う。0章で述べたように，そもそも電気電子分野で習うものは，その大半が見えないものである。この章で著者は，その見えない電子を対象に，何によって，どんな作用でそれが動くのかに関して，見ることが容易な「モノ」や「ヒト」の動きと関連付けて，少しでも「電子の気持ち」（？）になって，その動きを読者の方々に理解してもらいたいと思う。

1.1 電 流 の 実 際

　0章すなわち導入部において，「電気」が管を通って流れることを「電流」として可視化してきた。これで電位差，電流，抵抗といったもののイメージをつかめれば当初の目的は達しているが，一方で読者は，これまでの学習過程において電流は「電子」の流れであることも学んでいるであろう。いわゆる電気が発見されてしばらくの間は，電流というものは0章で示した概念図のように，プラスからマイナスへの何らかの流れと漠然と理解されていたが，電磁気学が確立され，さまざまな実験的検証が行われた結果，それが実際には，マイナスからプラスへの負の電荷を帯びた粒子（電子と名付けられた）の移動であることがわかったのである。そうなると，残念ながらせっかく理解の手助けとなるべく0章において示した各種可視化した概念図が根底から覆る。

　とりあえずここで，電流が電子の移動であるという事実を踏まえて，上述した概念図で考えてみる。図 1.1 にその概念図を示したが，これは図 0.1 に示したものとほぼ同じであり，違いは唯一「電気」が「電子」に変わり，満タン時の「電子」の存在位置がマイナス極に移っただけである。抵抗 R を表す細い

1.1 電流の実際

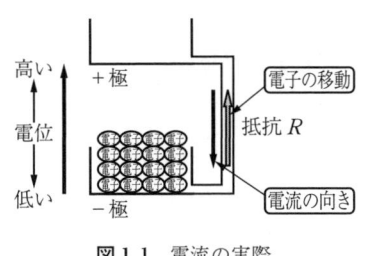

図 1.1　電流の実際

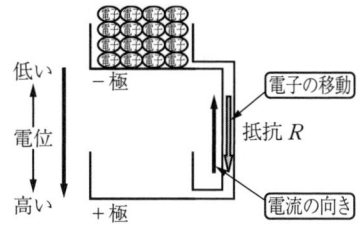

図 1.2　幼児体験に基づいた電子の移動の概念図

管が，満タンの電池に接続されている．そうすると，−極にある「電子」は細い管を通って上側の＋極に「落ちていく」という動きが電子の移動となり，この電子の移動方向の逆向きを電流の向きと定義できる．

しかしながら，図1.1は，「幼児体験をベースに，電気の各現象を理解する」というこの本の趣旨に反することは明らかであろう．下にあるものが，自然に上側に「落ちていく」などということは，よほどのことがない限り読者の幼児体験には含まれていないはずである．

これを，我々の幼児体験に合致するような概念図に書き換えてみよう．実はこの書換えは単に，0.1節で仮決めした，「高いほうの池を電池の＋極，低いほうの池を−極」というものを上下さかさまにして描けばよいだけである（**図 1.2**）．電流の源は負の電荷を帯びた電子の移動であるという事実に基づけば，図1.2のように電位の低い側を上側に，電位の高い側を下側に描くほうが，電子の移動を直感的（幼児体験をベース）に理解しやすくなるであろう．これは単に，負の電荷を有する荷電粒子はプラス側に引き付けられるという事実を幼児体験と合致させるべく上下方向を決めただけのことである．もちろん，我々の興味の対象となる荷電粒子が仮に正の電荷を帯びている場合には，当然のことながら概念図としては電位の高い側を上に描いたほうが幼児体験と合致した動きをするはずである．

1.2 「モノ」の移動と「電子」の移動

図 1.3 を見てほしい。水平な板に置かれた「モノ」を，触れずに右方向に移動させたい。どのような方法が考えられるだろうか？左からうちわで扇（あお）ぐなど，いろいろな方法が考えられるが，一つの方法として，その「モノ」が置かれた板自体を傾けるという方法があるだろう。この場合，その移動の機構を正確に表現しろといわれれば，『「モノ」が持つ質量 m に対して mg なる力がつねに鉛直方向下向きに作用しているが，板を傾けることで，その鉛直成分の力の一部が傾いた板を滑り落ちる向きに作用することになるので，その向きに加速度が生じる。』とでもなるであろうが，要するに，スキーやスノボ，あるいは滑り台と同様，「標高差」をつけることでその板に「勾配」を生じさせ，その「勾配」によって「モノ」が移動するといえるだろう。ここで，図 1.3 に例として示したように，例えば水平方向に 5 m だけ進む際に，標高差で 3 m ほど落ちる板の場合，その「勾配」の値は 3/5（m/m：無次元）と表現できる。幼児体験でも会得しているように，その「勾配」の値が大きくなればなるほど，どんどんスピードが増す怖い滑り台，すなわち「モノ」の加速度の値は大きくなるであろう。

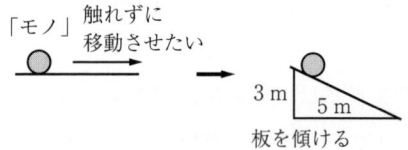

「標高差」をつけて「勾配」を生じさせる
例：標高差：3 m，水平距離 5 m
　　勾配：3 m/5 m＝3/5

図 1.3　「モノ」の移動

図 1.3 を脳裏に刻んだまま，つぎの**図 1.4** に目を転じてほしい。ここでは，電子に触れずに，右方向に移動させたいという命題が示されている。図 1.3 を

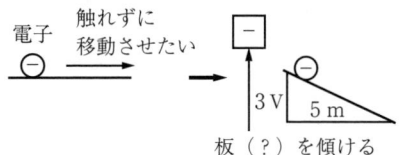

「電位差」をつけて「電気的な勾配（電界）」を生じさせる
例：電位差：3V，水平距離 5m
　　電界：3V/5m＝3/5〔V/m〕

図1.4 電子の移動

参考に考えれば，図1.4でも同様に電子が載っている板（？）を傾けることで，電子はその傾いた板を滑り落ちる向きに移動するであろう．さて，この板とは何であろうか？図1.3では板を傾けることは標高差をつけて勾配を生じさせることであった．すなわち，質量 m に作用する力（重力：mg）をうまく利用して移動させたわけである．そのような観点で図1.4を見てみれば，今度は対象物が電子なのだから，電荷（図のような電子の場合は $-q$）に作用するような力を利用することを考えればよいはずである．図に示したように，電荷に対する板とは，その場所の電気的な位置，すなわち電位を表し，その板が傾いているということは，右に移動するに従い電気的な位置が変化する．つまり「電位差」をつけてやることでその板に「電気的な勾配」を生じさせ，その「電気的な勾配」によって「電子」が移動するといえるだろう．図1.4に示したものは，水平方向に5mだけ進む際に，電位差で3Vほど落ちる板の場合の例であるが，その「電気的な勾配」の値は3/5〔V/m〕と表現できる．この「電気的な勾配」というものは，「モノ」の移動の場合の勾配とは異なり，〔V/m〕という単位が残る．これこそが，「電界」と命名されたものの本質であることは，単位を見ることでも明らかであろう．「電界」という「電気的な勾配」の値が大きくなればなるほど，「電子」にとってはどんどんスピードが増す怖い滑り台，すなわち加速度の値は大きくなるであろうことは，図を見れば直感的に理解できるであろう．その上で

$$F = qE \tag{1.1}$$

という，電荷 q に対して電界 E が引き起こす力 F の関係を示した式は，F と

E とが電荷量を比例係数とした線形関係を有していること，すなわち，電気的な勾配に比例して，（加速度を生じさせる）力が増加するという定量的な関係を示していることがわかるであろう。なお，図1.4の板を考える上で注意すべきは，図1.2のところでも言及したように，上向きを電位の低い方向にとっていることであるが，この理由は，今回の我々の興味の対象が電子であるがゆえにほかならないことは，この段階まで読み進んだ読者には自明であろう。

　図1.3と図1.4を比較してやることで，電子の電界による移動であっても，幼児体験に基づいた理解が得られるはずであると著者は信じているが，唯一の違いは，電荷に対する板（電位）や，電気的な勾配（電界）は，通常の板や勾配と異なり残念ながら見えない。すなわち，これから滑り落ちようとする滑り台がどのくらいの坂なのかわからないということであろう。いわゆる真っ暗闇を疾走するジェットコースター（著者が唯一知っているのは，首都圏東部にある某テーマパークに開園当初から存在する人気の高いアトラクションだけであるが）のようなものであるが，事前に勾配情報をまったく与えてもらえないために，実際に初めて体験した際には，気を失うほどの恐怖感を味わうことになる。事前情報としての「電界」が，荷電粒子の移動を考える上で，なくてはならないものであることが，わかっていただけると思う。参考までに図1.5に，一般のテキストなどでよく見られる，真空中に置かれた荷電粒子（この場合は＋に帯電したものを例とした）の，金属グリッドによって形成した電位差間での運動を問う問題図と，それを可視化して「電気的な勾配：電界」の程度をわ

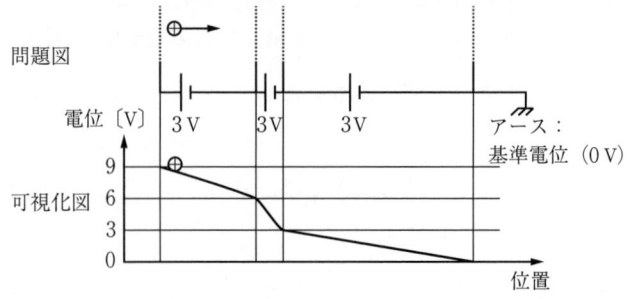

図1.5　荷電粒子の運動の問題図と可視化図

かるように示した図を併記する．可視化図を描くことで，どこで一番加速度が大きくなるかは一目瞭然であろう．

1.3 「ヒト」の移動と「電子」の移動

著者は，勤務先である大学に通常，電車を利用して通勤しているが，その電車（中央線）は7人がけの椅子が各扉の間にある．中央線の始発駅である東京駅で乗客の座り方を見ていると，通常の場合は図1.6のように，最初の乗客は①の場所に，つぎの乗客は②の場所に，そのつぎは③の場所に…，という形で椅子が埋まっていく．いずれ新宿あたりではすべての椅子が埋まってしまうのだが，たとえ15分であっても間隔を隔てて座ったほうが，きっと居心地がいいのだろう．

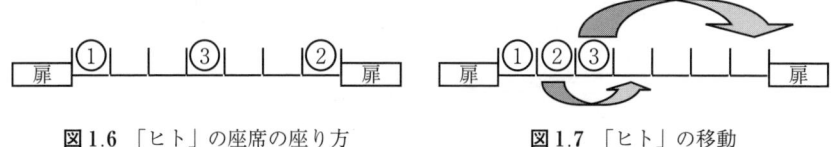

図1.6 「ヒト」の座席の座り方　　　　図1.7 「ヒト」の移動

一方，何らかの影響で，最初に図1.7のような状況が生まれて，その後，他の乗客がまったく乗ってこなかったとする（例えば，大きな乗換駅で他の大多数の乗客がこの電車から降りた場合などにこのような状況が起こり得るだろう）．これらの3人が何らかのグループである場合は別だが，お互いが赤の他人であれば，たぶん図に示すような移動が起こるのが自然であろう．具体的には，③の乗客が一番端に移動し，②の乗客は①と③の真ん中へ，つまり，最終的には図1.6に示したような分布に落ち着くだろう．

「ヒト」に限らず，すべてのものは，最終的には何となくある程度の間隔を隔てて存在するように分布するのが，一般的なようである．例えば，ホットコーヒーの中に，角砂糖を入れた場合を考えてみても，しばらく時間がたてば，そのコーヒーの砂糖の濃度はどこでも一定になるはずである（通常我々

は，それを待っているのがいやで，スプーンでかき回すことにより，早く濃度が均一になるよう仕向けるのだが）。

「電子」にとっても状況は同じであり，例えば1次元，すなわち横方向にのみ移動可能という前提で考えた場合，図1.8の初期状態のような電子分布の偏りがある場合，最終的には，下に示した最終状態，つまり均一の濃度で分布するようになる。ここで大切なのは，各電子は「ヒト」と違い目的を持って動いているわけではなくランダムに動いているのだが，その動きが全体的には混雑しているところからすいているところへの移動となることである。結果として，初期状態から最終状態へ移行する過程では，荷電粒子である電子の移動，すなわち電流が流れることになる。もちろん，この電流は各場所および移動過程における各時間によって変化するものである。

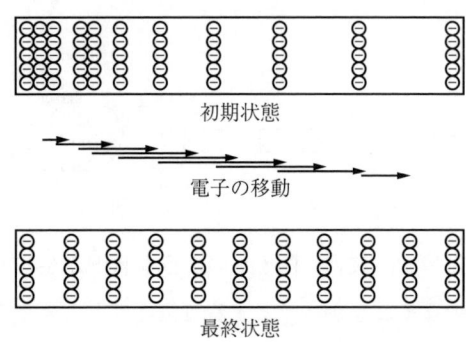

図1.8 分布に偏りがある場合の「電子」の移動

1.4 電流の2要素 —— ドリフト電流と拡散電流 ——

1.2節および1.3節で示した，荷電粒子である「電子」の移動は，当然電流の流れに直結する。動き得る荷電粒子は**キャリヤ**（carrier：運送人，担い手）と呼ばれるが，このような電子はまさに電流の担い手であり，それが動くことで電流となる。板を傾けることで電子が動くこと，および，混雑度合いを均一化するために電子が動くこと，それぞれに伴う電流は，**ドリフト電流**および**拡**

散電流と区別されて名付けられており，電流の流れる2要素である．大切なことは，いくら荷電粒子がたくさんあっても，それが「動き得る」ものでなければキャリヤにはならず，電流の担い手とはなり得ない．世の中の物質すべては原子で構成されており，その原子は原子番号の数だけ電子を有しているが，それらの電子が，物質中を動き得るものか否か，すなわち「キャリヤ」であるかどうかが，その物質の電流の流れやすさを決める一因である．

1.5　ま　と　め

　電気的な位置（電位）を表す板を傾ければ，そこに存在する電子は傾きに応じて下方へ移動し，また，混雑度合いにムラがあれば，やはり混んでいるほうからすいているほうへ電子は移動する．これら我々の実体験でも見られるような現象が，電子の運動を考える上でも非常に役に立つ．逆にいえば，実体験での現象に対応するように，電子の運動を可視化して考えてみることが，現象の理解のためにきわめて重要なことと考える．ここでは述べなかったような，例えば電磁気学などで学ぶ現象の一つでも，可視化して考えてみることをぜひお勧めしたい．

2 電子にとっての位置エネルギーと力学的位置エネルギーの比較

「位置エネルギー」という言葉は本来，物体が存在する「位置（座標）」によって，その物体が有するエネルギーが決まるという意味を表している。つまり物体の存在「位置」が変われば，有するエネルギーも変わるのである。実はそこには，「力が作用している場では」という大前提があるのだが，高校時代に最初に学ぶ系が，地球の極表面近傍にある質量 m の物体であるから，重力が，しかも一定の大きさで，作用するのはあたりまえという前提で議論が進むため，その大前提が忘れられがちになってしまうのである。したがって，電界の中に置かれた電子でも，プラスの電荷を持つ原子核の周りにある電子でも，その電子に力が作用しているのは間違いないので，電子の存在「位置」が変われば，有するエネルギーも変わるのである。本章では，読者が慣れ親しんだ力学的位置エネルギーと対比させて，電子にとっての「位置エネルギー」について考え，理解してもらうことを目的とする。

2.1 原子の構造

プラスの電荷を持った原子核の周りを，マイナスの電荷を持った電子が回っているという原子の構造は，日本の物理学者である長岡半太郎が提唱したものである。現在では誰もが知っているこの構造は，発表当時は世界ではあまり注目されず，プラスの電荷とマイナスの電荷が両者入り混じって均一に分布しているというモデルが，原子の構造として幅広く信じ込まれていたとのことである。

ここで，原子の構造の例として，アルミニウム（Al）を取り上げよう。**図 2.1** に示すように，アルミニウムは原子番号 13，すなわちプラス電荷を持つ 13 個の陽子が原子核内に存在し，その周りを同じ 13 個だけ，マイナスの電荷を持つ電子が回っており，同数のプラス電荷とマイナス電荷が互いに引き合う

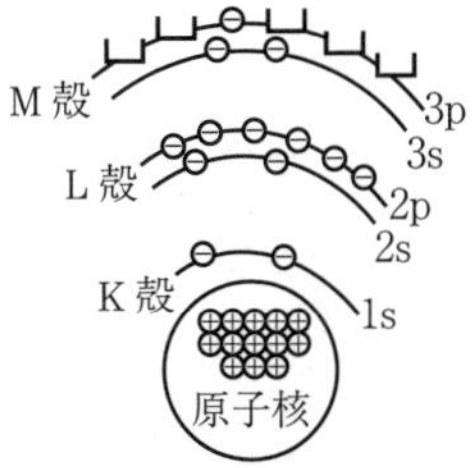

2.1 原子の構造

図2.1 原子の構造（例：アルミニウム）

表2.1 電子の軌道と入り得る電子の座席数

殻	軌道	各軌道の電子座席数	各殻の電子座席数
K	1s	2	2
L	2s	2	8
	2p	6	
M	3s	2	18
	3p	6	
	3d	10	
N	4s	2	32
	4p	6	
	4d	10	
	4f	14	

ことで原子としての安定を保っているといえるだろう．原子全体を外部から見れば，プラスとマイナスが打ち消し合い，電荷の総数としては0，すなわち中性の状態とみなすことができる．

現在の高校の課程では，電子の存在できる場所，すなわち入り得る座席は，原子核に近い位置から，K殻，L殻，M殻，…と用意されており，n番目の殻に入る電子の数は$2n^2$（個）であるということを学ぶようであるが，各殻を詳細に見てみると，表2.1に示すように，電子の入り得る座席は，各殻ごとに軌道と名付けられたs軌道（2個の座席），p軌道（6個の座席），d軌道（10個の座席），f軌道（14個の座席），…に分かれていて，K殻には1s軌道のみが存在し，L殻には2sと2pの軌道が，M殻には3s，3p，3dの軌道が存在している．これらの殻および軌道への電子の入り方は，通常，原子核に近い軌道から順に入っていくので，アルミニウムの場合，図2.1のように，1s軌道に2個，2sに2個，2pに6個，3sに2個，3pに1個の電子が入っていることになる．このような電子の入り方をしばしば，$1s^2 2s^2 2p^6 3s^2 3p^1$と表すが，これは例えば「$1s^2$」の場合，「1s」軌道に「^{2}」個入っているということを意味する表現法である．なお，3p軌道には本来電子の入り得る座席が6個ほど存在するが，アルミニウムの場合，ここに最後の1個の電子が入ることで13個すべての電子が収容されたことになるので，そのほかの5個の座席は，図2.1に示すよう

にすべて空席となっている。

さて，図 2.1 に示したアルミニウム原子の中の 13 個の電子のうち，一番剥ぎ取りやすそうな電子はどれだろう？一番外側の 3p の座席に座っている電子であろうことは直感的にわかると思うが，講義を受講している受講生にとってさらにわかりやすそうな図を**図 2.2** に掲載してみた。まことに申し訳ないのだが，各受講生を電子と同じマイナス記号で示している。ちなみに講師は，「ちゃんと聞いていないと，単位は取れないよ！」という意味を示すプラスの武器をちらつかせつつ，マイナスの電荷を有する各受講生を引き付けている（つもりでいる）。

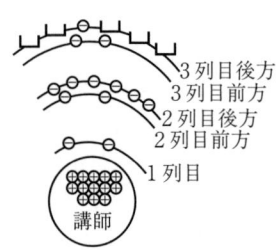

図 2.2　教室内の学生の配置

さてこの教室は，最前列 1 列目は 2 個の座席しかなく，2 列目前方に 2 席，2 列目後方には 6 席，3 列目前方には 2 席，3 列目後方には 6 席の座席があるものとする。高校までの課程では飽きたらず，さらに勉強がしたくて，わざわざ授業料を払い大学に進学した受講生であるから，当然，講師の話を最も聞き取りやすい最前列から席は埋まっていくはずであるが，残念なことに席の数は限られているから，早いもの順で 1 列目から埋まっていく（ことを，講師はいつも期待している）。さて，現実にどの順で席が埋まっていくかは別として，とにかく図 2.2 の状態で講義が始まった。講義開始 15 分程度までは，どの列に座っている受講生であっても，単位を取るために，もとい，勉学意欲旺盛のため，一所懸命ノートをとり，必死に聞いている。しかし，30 分経過，1 時間経過…，ともなると，だんだん居眠りしている受講生が多くなってくるようである。おまけに，時計に目を向ければ 11 時半！『そろそろお腹もすいてきたし，12 時になると学食は混むからなあ…』。実は，99％の受講生が感じているであろうことは，受講生として講義に臨んだ時代が当然あった著者にも，十分に理解できる。図 2.2 におけるマイナス符号を持つ受講生全員が，「よーし，講義を抜け出して，学食に行こう！」と同じ強さの意思を持ったとしよう。講

義の最中であるという，講師がプラスの武器をちらつかせている状況下で，どの席に座っている受講生が最も学食に行きやすいだろうか？国語の読解であれば，講師に対する「忠誠心」の違いとでもいうべきであろうが，物理的な言葉に置き換えれば，各受講生が座っている場所の「位置エネルギー」の違いが，実際に学食に行けるか否かを決めている．

2.2 「モノ」が落ちる現象と力学的位置エネルギー

位置エネルギーといえば，mgh！高校の理系課程を修了した学生にとっては，至極当然の結論であろう．とりあえず例として，『「モノ」が落ちる』という現象と位置エネルギーについて考えてみよう（図2.3）．質量 m なる「モノ」がある場合，そこには mg なる力がつねに働いている．その「モノ」が高さ h_1 にあり，それを支えているテーブルなどがない場合には，その高さ h_1 にある「モノ」はその一定の力 mg によって，地面方向に加速し続け，結果として「モノ」は地面に落ちる．エネルギーという観点で見てみれば，mgh_1 の位置エネルギーが，地面に衝突する直前の「モノ」の運動エネルギー $mv^2/2$ に変換されるということになるが，結果としてその位置エネルギーは，地面に何らかのダメージを与える源ということになるだろう．当然そのダメージは，h の値が大きい場合，すなわち「モノ」を高いところから落としたほうが，低いところから落とすよりも大きくなる．本書冒頭でも述べたように，そこにつま先を置

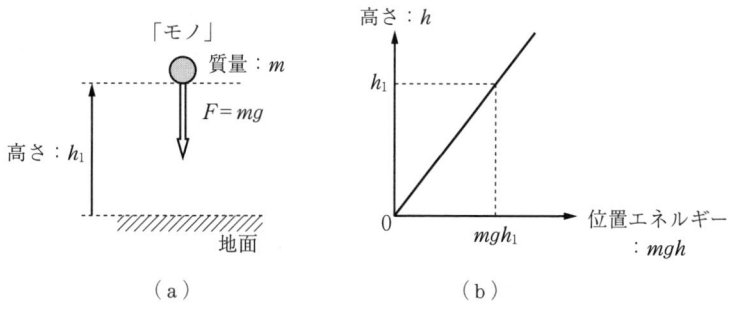

図2.3 「モノ」が落ちるという現象

いておけば，その効果を体感できるであろう。

さて，図2.3（b）に「モノ」の置かれた任意の高さ h に対する位置エネルギー mgh の関係を表すグラフを示す。図（a）と対比しやすいように，一般的なグラフとは軸を変えて，縦軸に高さ h，横軸に位置エネルギー mgh を示してみた。例えば，縦軸に示されたある高さ h_1 にある「モノ」は，対応する横軸上の mgh_1 の位置エネルギーを有しているということが，このグラフは示している。

図2.4に，図2.3（b）のグラフと同様のものを，縦軸・横軸を入れ替えて示す。$y = f(x)$：すなわち，横軸 x の値が決まれば縦軸 y の値が自動的に定まるというグラフに慣れている読者は，こちらのグラフのほうがわかりやすいだろう。一方，図2.4（b）には，「モノ」の高さ h に対する，各高さにおいて「モノ」に作用している力の大きさ mg の関係を示す。力の大きさ mg は，その値に h という変数が含まれていないことから，高さ h の値に関係なくどこでも一定であることが mg という値そのものから自明であるが，あえてグラフに示せば，このような定数関数のグラフになる。

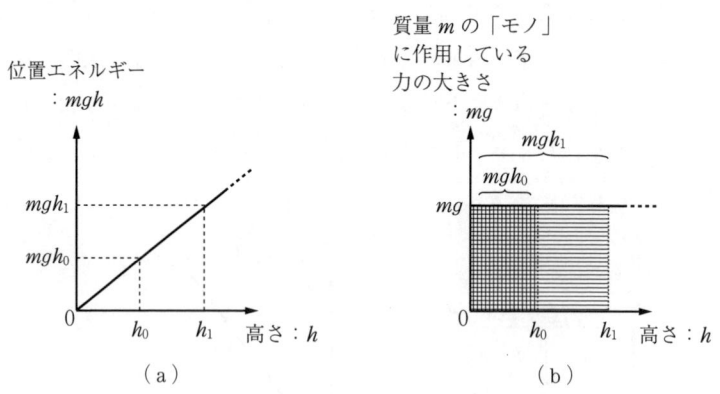

図2.4 位置エネルギーと力

図2.4（a），（b）のグラフ，すなわち位置エネルギーのグラフと力のグラフとを見比べると，高校課程の数学で学んだように，位置エネルギーのグラフの各場所での傾きが，力のグラフの縦軸に示されていることがわかるだろう。

言い方を換えれば，位置エネルギーグラフの微分が，その場所で作用する力の大きさを表している。

さて

$$(エネルギー) = (力) \times (距離) \tag{2.1}$$

という式を念頭に，図（a），（b）のグラフを眺めてみたとき，図（b）に示した力のグラフにおいて原点から右方向に移動していった場合，一定の力 mg を重力に逆らってかけ続けなければならないので，図（a）の位置エネルギーのグラフは距離に対して比例の関係になっているともいえるだろう。質量 m の「モノ」を高さ 0 から h_0 まで力に逆らって持ち上げた場合，そのときにした仕事がそのまま「モノ」の位置エネルギー mgh_0 となり，0 から h_1 まで持ち上げた場合は mgh_1 となることは式（2.1）からも明らかであるが，それらの値は図（a）では縦軸値に，図（b）ではそれぞれの横軸値までの面積で表されている。したがって，位置エネルギーのグラフは，力のグラフの積分になることが明らかであろう。

2.3　宇宙から「モノ」を落とす？

満天に輝く星が，なぜ地上に落ちてこないのか？古代人はその理由をいろいろと考えたらしい。実は，2.2 節で論じた内容をそのまま適用すれば，高さ h を星までの距離とすることによって，図 2.4 に示されたようにどの距離になっても一定の力 mg がかかり続けているはずだから，残念ながら星は落ちてきてしまう。2.2 節の内容は，高校課程での物理 I で学ぶものであり，これしか理解していない受講者は，星が落ちてこない理由がわからない。

本来，mg という力は，質量を有するもの同士に作用する万有引力が基となっている。**図 2.5** にその概念図を示す。質量 M を有する地球と，質量 m の「モノ」が距離 r の間隔で離れている場合，質量 m の「モノ」には

$$F \propto \frac{M \cdot m}{r^2} \tag{2.2}$$

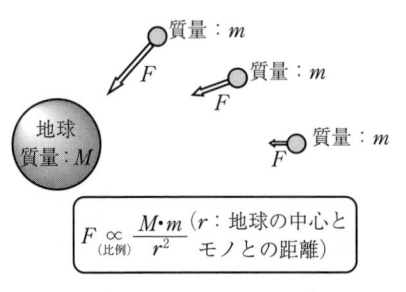 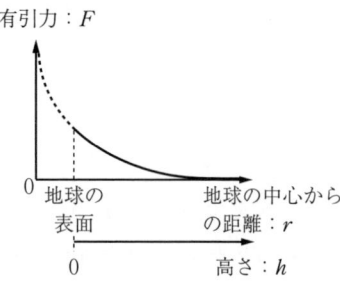

図 2.5 質量を有するもの同士に働く力：万有引力

図 2.6 万有引力の距離依存性

なる力が作用する。なお，∝は「比例する」という意味を表す記号であるが，これの大きさとして

$$F = G \cdot \frac{M \cdot m}{r^2} \quad (G = 6.67259 \times 10^{-11} \text{ m}^3\text{s}^{-2}\text{kg}^{-1}) \tag{2.3}$$

として学んだ読者も多いはずである。

さて，この F は元来「万」物が「有」する「引力」であるから，相手が地球でなくても，質量さえ持っていれば，「モノ」同士でも引力は発生する。ただし，図 2.5 に示した例では，「モノ」の質量 m は地球の質量 M に比べてきわめて小さいのが一般的なので，「モノ」同士の引力は無視できるほど小さくなる。

さて，図 2.5 あるいは式 (2.2) で明らかなように，地球からの距離が遠ざかれば遠ざかるほど，すなわち r が大きくなるほど，力 F の大きさは小さくなっていく。この関係を，距離 r に対する力 F の大きさとしてグラフ化すれば，**図 2.6** のようになるだろう。これを見れば，図 2.5 の各 F の大きさが，図 2.6 における横軸 r（あるいは h）に対応した縦軸の値として示されていることが明らかであろう。

図 2.6 と先に示した図 2.4（b）は本来，同じグラフになるはずであるが，各図の前提となる説明図，すなわち，図 2.3 と図 2.5 では，距離のスケールがまったく違うことに気付くであろう。図 2.3 で考えている h_1 はせいぜい数 m，大きくても目視できる程度の範囲を想定しているのに対し，図 2.5 では地球の

直径(約13000km弱)が図ではほぼ同じ大きさで示してある。言い方を変えれば,図2.4の横軸である h の範囲は,図2.6における「地球の表面」と示されたまさにそこのところだけを取り出して見ているに過ぎず,しかもその横軸をものすごい倍率で拡大して得たものとなる。このようにしてみたとき,ここでほんの少し r (あるいは h) を変化させても,F の値はほとんど変わらないことは容易に想像がつくであろう。

さて,位置エネルギーと力とが互いに微分積分になっているという関係は,図2.3のスケールで考えた場合であっても,図2.5のスケールに目を転じても,本質的には変わらない。唯一の違いは,力が mg のように距離に依存せず不変と考えられる場合には,積分によって位置エネルギーを得るといっても実際には距離 h をかけた mgh で求められたのに対し,式 (2.3) で示したような GMm/r^2 と距離 r に依存した形で表される力の場合には,位置エネルギーを得るために,いわゆる本当の(?)積分をしなければならない。その結果を含めて,**図2.7** に図2.6の万有引力のグラフ,およびそこから得られる位置エネルギー図を,両者並べて示す。図2.4の位置エネルギーの値 mgh とあわせるため,ここでは地球の表面における位置エネルギーを0として描いてあるが,これはそうなるように積分時の積分定数を設定したためである。言い方を変えれば,位置エネルギーのグラフは0となるべき位置を任意に設定できる,すな

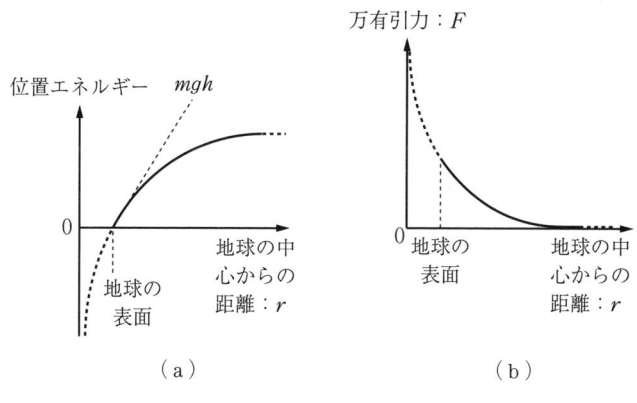

図2.7 位置エネルギーと万有引力

わち，グラフの上下は任意に移動可能であることに注意すべきである。

　図2.7でも，図2.4と同様の関係，すなわち，位置エネルギーのグラフの各場所での傾きは，力のグラフの同じrの場所の縦軸値に示されており，また，力のグラフにおける地球の表面を始点としたときの各横軸値までの面積が，位置エネルギーのグラフでは縦軸値で表されているという，微分積分の関係になっていることが明らかであろう。星が落ちてこないのは，地球からの距離rが大きすぎて，その場所では地球からの引力（図2.7（b）では縦軸値，図（a）ではグラフの傾きとして示されるもの）が0となっているからである。

　そのような観点で位置エネルギーのグラフを見てみると，まさしくそれは幼児体験に基づいた運動，すなわち傾きの大きなところにある「モノ」は作用する力が大きく早く加速して地球に落ちていくし，傾きの緩やかなところにある「モノ」は力の大きさが小さく，少しずつしかスピードが上がらず，平らなところにあるものは力がまったく作用せず移動しない，という運動を生じさせる板のようなものを表していることがわかるであろう。位置エネルギーのグラフ上に「モノ」を置いてみると，そのグラフの形をあたかも滑り台のように見ることによって，その「モノ」に作用する力が容易に理解でき，その後の「モノ」の運動を直感的に予想できるのである。

2.4　ばねの伸びと力学的位置エネルギー

　位置エネルギーのグラフの形を考える上で，もう一つの例としてばねを伸ばす場合の例を挙げておきたい。ばねを伸ばす際に，自然長からの変位をxとしたときにかかる力の大きさFは

$$F = kx \tag{2.4}$$

と表される。この場合，ばねの向きは鉛直方向でも水平方向でもどちらでもよい。向きが変わることによって変化する量はばねの自然長であり，そこからの変位xに対する力の大きさFを示す上記，式（2.4）は変わらない。**図2.8**に水平方向に置いたばねの一端を固定し，一端をx方向に伸ばす場合の概念図

2.4 ばねの伸びと力学的位置エネルギー

を示す。力の大きさ F は図下部のグラフ，あるいは式 (2.4) でも示されるように，変位が大きくなればなるほど大きくなっている。

上記，ばねの例（図 2.8），地上すれすれでの重力の例（図 2.4（b）），および，地球スケールで見た万有引力の例（図 2.6）は，いずれも，横軸が距離，縦軸が力の大きさというグラフになっているが，そのグラフの形によって，位置エネルギーグラフの形状が変わるのは当然であろう。図 2.9 に，ばねの変位に対する力の大きさのグラフを再掲し，かつ，そこから得られる位置エネルギー図を併記する。

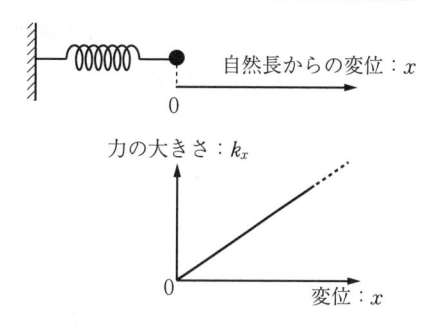

図 2.8 ばねの変位に対する力の大きさ

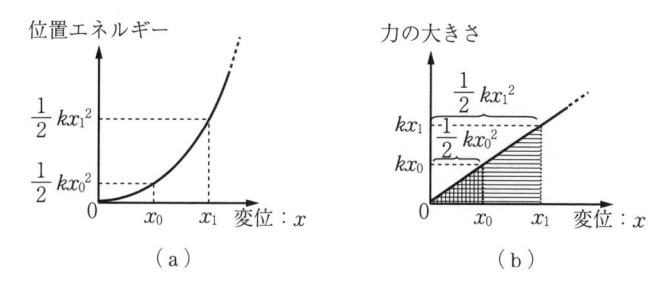

図 2.9 ばねの変位に対する位置エネルギーと力の大きさ

ここでも，位置エネルギーのグラフの各場所での傾きが，力のグラフの同じ横軸 x における縦軸値として示されていることがわかるだろう。すなわち，位置エネルギーグラフの微分が，その場所で作用する力の大きさを表している。さらに，図（b）に示した力のグラフにおいて原点から右方向に移動していった場合，力の大きさはどんどん大きくなり，変位 x_0 まで力に逆らって移動させた場合，$(1/2)kx_0^2$ の仕事をしたことになるが，これがばねの位置エネルギーとして保存され，また変位 x_1 まで移動させた場合には，ばねの位置エネルギーとして $(1/2)kx_1^2$ の値が保存される。これらの値は図（a）では縦軸

値に，図(b)ではそれぞれの横軸値までの面積で表されており，位置エネルギーのグラフは，力のグラフの積分となることがわかるであろう。

さてこれまで，それぞれの場合の力の大きさと，それに対する位置エネルギーのグラフを示してきたが，ここで特徴的なのは，横軸（距離：rとする）増加に対する位置エネルギーの値が，どんどん増加する場合と，ある値で飽和する場合の2種類に分けられることである（**図2.10**）。各図内に示した力の大きさFの式と対比させてみれば，そのパターンは明らかであり，距離が増加した際に力が維持あるいは大きくなっていくような場合は，位置エネルギーは距離とともに増加し続ける。グラフの形を滑り台に見立てれば，どんな距離にいようとも，けっきょく原点近傍に必ず引き戻されてしまうことになるだろう。一方，距離が増加した際に力がどんどん小さくなっていくような場では，ある程度の距離まで離れてしまうと，もはや引力が及ばなくなり，そこに座っても，決して滑ることのできない滑り台（もちろん原点に近づけば，徐々にではあるが滑り始める）となっていることに気付くはずである。昼食時近くの講義の例で例えれば，教師のプラスの引力が，学食にまで十分に届くならば，仮に学食までたどり着いた受講生であっても，カツカレーを注文している間に，教室に引き戻されてしまうのである。

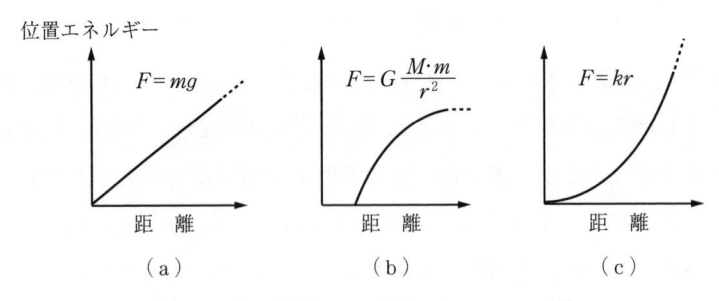

図2.10 力の種類による位置エネルギーの形状

2.5 電子にとっての位置エネルギー

2.2節から2.4節まで話がだいぶそれてしまったが，これらの話は原子核内のプラス電荷に引き付けられている電子に対しても，同様に適用することができるというのが大切なポイントである．すなわち，力学的な力の大きさと位置エネルギーとの関係の考え方が，電気的な力の大きさと位置エネルギーとの関係にもまったく同様に適用できるということが理解できれば，この章の目的は達せられる．

さて，本題である電気的な力について考えてみよう．先に触れた万有引力は，質量を有しているもの同士に作用する力であり，その質量にマイナスの値はなく引力のみなのに対し，電荷同士に働く力は，クーロン力として知られており，本来，極性の異なる電荷同士には引力が，極性を同じにする電荷同士には斥力が働くものである．が，原子の構造を考える上では，原子核にはプラス，電子はマイナスの電荷があるため，基本的には引力のみを考えればよいことになる．

図2.11に，原子の構造を前提とした，周りを回る電子に作用するクーロン力の概念図を示す．電荷$+Q$を持つ原子核と，電荷$-q$を持つ電子が距離rの間隔で離れている場合，原子核と電子との間には，クーロンの法則より

$$F \propto \frac{Q \cdot q}{r^2} \quad (2.5)$$

なる力が作用する．読者の多くは，実際のこれの大きさとして

$$F = k \cdot \frac{Q \cdot q}{r^2}$$

$(k = 8.9876 \times 10^9 \text{ m}^3\text{s}^{-4}\text{A}^{-2}\text{kg})$

$$(2.6)$$

あるいは，比例係数kの値をさ

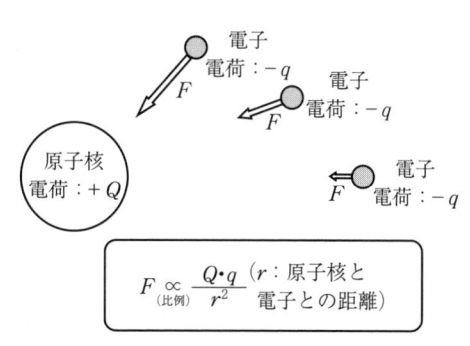

図2.11 原子内で作用している力：クーロン力

らに細かく

$$F = \frac{1}{4\pi\varepsilon_0} \cdot \frac{Q \cdot q}{r^2} \qquad (\varepsilon_0 = 8.854 \times 10^{-12} \text{ m}^{-3}\text{s}^4\text{A}^2\text{kg}^{-1}) \qquad (2.7)$$

としてすでに学んでいるだろう。

　さて，図2.11あるいは式(2.5)から，原子核からの距離 r が大きくなればなるほど，力 F の大きさは小さくなっていくことがわかる。しかもこの式(2.5)は，万有引力の式(2.3)における質量同士の積 $M \cdot m$ を電荷同士の積 $Q \cdot q$ に換えただけのものであり，実測値から求めた各比例係数の値は当然異なるにせよ，距離の変化に対する力の大きさの変わり具合は同じ振舞いをする。したがって，図2.5と図2.11はその力 F が質量同士によるものか，電荷同士によるものかだけの違いであり，本質的には同一の概念図となっている。

　図2.12には，このクーロン力とそれに伴う位置エネルギー図を示す。上記の議論から，これらのグラフは，図2.7の万有引力，およびそれに伴う位置エネルギーの各グラフと同じ形状のものが描かれる。ただし，位置エネルギーのグラフは図2.7に比べて，若干下方にずらして描いている。具体的には，位置エネルギーの値が，無限遠において0に飽和するようにずらしてあるが，数学的には，そうなるように積分定数の値を設定したということになるだろう。

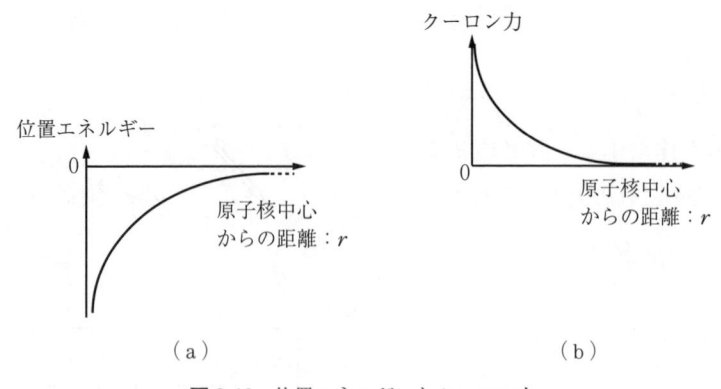

(a) 位置エネルギー　原子核中心からの距離：r

(b) クーロン力　原子核中心からの距離：r

図2.12　位置エネルギーとクーロン力

2.5 電子にとっての位置エネルギー

さて，そのように積分定数を設定したことで，位置エネルギーは，ほとんどの r でマイナスの値を有しているということに気付くだろう。無限遠でのみ，その値が 0 になっている。位置エネルギーの値は，どこを基準にとってもよい。すなわち，グラフを上下方向に任意に移動できることは前述したが，それでもマイナスの値には違和感を持つ読者も多いはずである。ここでの考え方は，無限遠，すなわち原子核内に存在するプラス電荷からの引力を受けないところにいる電子の位置エネルギーを 0 とし，ちょっとでも引力を受けるところ（図（b）の力のグラフでは値が 0 ではないところ，図（a）の位置エネルギーのグラフではその傾きが 0 ではないところ）にいれば，その電子はその位置エネルギー分だけ原子核電荷の拘束を受けており，もはや自由の身ではないという意味でマイナスの値をあてがっている。

したがって，その原子核からの拘束を打ち破って自由の身になるためには，マイナスの値である電子自体の位置エネルギー（U とする）と同量で異符号のエネルギー（$E = -U$）をそこにいる電子自体に持たせればよい。この様子を，再び万有引力の図（図 2.7 および**図 2.13**）に戻って説明しよう。繰返しになるが，万有引力とクーロン力は，その力の源が質量同士なのか，電荷同士なのかの違いだけで，現れる力の大きさやそれに伴う位置エネルギーなどのグラフは同様な形状と考えられる。したがって，ま

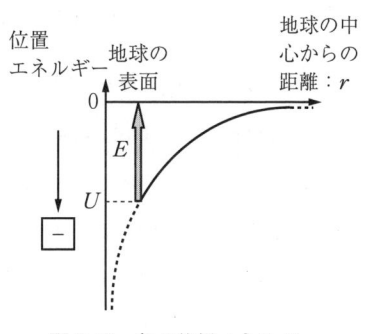

図 2.13 負の位置エネルギーからの脱出

ずは比較的考えやすい力学の例を挙げて説明する。

図 2.7 と図 2.13 は同じグラフであるが，位置エネルギーの値を変えてグラフを上下方向にシフトさせている。前者の考え方は，mgh，すなわち質量 m の「モノ」の地球の表面での位置エネルギーは 0 とみなして描いているのに対し，後者図 2.13 は，地球からの引力圏外である無限遠の距離にいる質量 m の「モノ」の位置エネルギーを 0 とみなし，地球の質量による拘束を受けている

程度に応じて，マイナスの各値を対応させているものと考えられる。後者の考え方を使えば，地球の表面では当然地球に拘束されているので，図2.13に示したようにマイナスの位置エネルギー値（U）を有している。さて，このときその質量 m の「モノ」自体が位置エネルギーと同量で異符号のエネルギー（$E=-U$）を持てば，地球からの拘束を打ち破って自由の身になれるのだから，そのエネルギーを与えてみよう。質量 m の「モノ」にエネルギー（E）を与えるには

$$E = \frac{1}{2}mv^2 \tag{2.8}$$

に対応した速度 v を与えることにほかならない。要するに，地球表面にてここから求められる速度 v で投げる（?）ことを意味する。定量的に v を求めようとすれば，式(2.3)を積分することで求められる位置エネルギー U

$$U = -GMm \cdot \frac{1}{r} \tag{2.9}$$

の地球表面における絶対値と，式(2.8)を等しいと置き

$$v = \sqrt{2GM\frac{1}{R}} \fallingdotseq 11.2 \text{ km/s} \fallingdotseq 40\,000 \text{ km/h} \tag{2.10}$$

（R は地球の半径）

となる。このときの v は**第二宇宙速度**と呼ばれており，その速度で地球表面から打ち出された物体は，運動エネルギーを位置エネルギーに変換しながらどんどん速度を落としつつ，地球の引力圏外まで到達するのである。

さて，再び原子の中の電子の例に戻って考えよう。**図2.14**にアルミニウム原子の構造と，周りを回る各電子の位置エネルギーを示した。1s軌道に入っている電子が原子核に一番近く，3p軌道の電子が最も遠いところを回っている。位置エネルギーのグラフの傾きとして現れている各電子に作用する原子核電荷からの引力は，1s電子が最も大きく，3p電子が最も小さいことがわかるであろう。原子核電荷による拘束がない無限遠を位置エネルギー0としているので，各電子はすべてその原子核電荷に拘束されているという事実から，すべてマイナスの位置エネルギーを有し，かつそれぞれの位置エネルギー値は，図

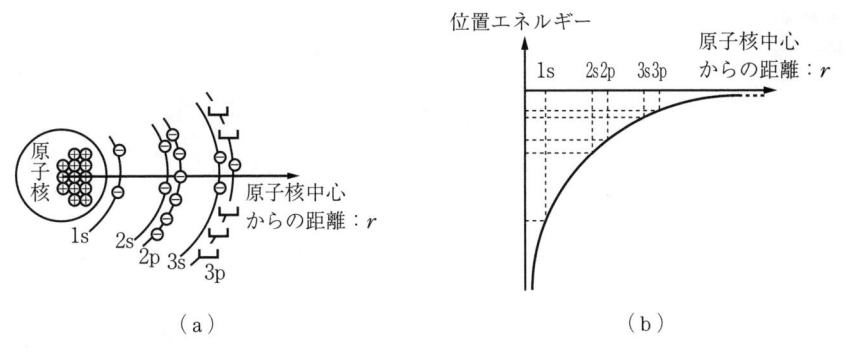

図 2.14 アルミニウム原子内の各電子の位置エネルギー

に示したように 1s 軌道の電子が一番小さく，3p 軌道の電子が一番大きい。2.1 節で示した電子の剥ぎ取りやすさを問うた命題は，けっきょく，それぞれの位置エネルギーにある電子を位置エネルギー 0，すなわち原子核電荷の拘束を振りほどき，無限遠まで運ぶために必要なエネルギーがどれくらいか？ということを問うていることにほかならず，それぞれが持つ位置エネルギーの絶対値分のエネルギーを与えてやれば，剥ぎ取ることができるのである。

2.6 ま と め

mgh という値として学んだように，力が作用している場では，「モノ」の存在位置によって位置エネルギーが異なる。これは何も重力（万有引力）の作用している場に限ったことではなく，クーロン力が作用している状況でも同等に考えることができる。クーロン力を源とする原子の内部でも，電子の存在位置が違えば，それぞれの電子の位置エネルギーは異なっており，無限遠を位置エネルギー 0 とみなしたときのそれぞれのマイナスの値は，原子核に束縛されている程度の違いを示しているのである。

3 固体における電気伝導
──エネルギーバンドの形成──

　この章では，各種原子が複数個集まっていわゆる固体を形成した際に，それらの固体が電気伝導性を有するかどうかを，二つの例を挙げて議論したい。2章で述べた，原子核陽子からのクーロン力を前提とした原子内電子の位置エネルギーに関して，原子が複数個集まることによって，その位置エネルギーグラフの形状，および電子の持つエネルギー値自体に変化が生じ，その結果，一部の電子が固体内で動き得るようになれば導体（金属）となり，動き得る電子がなければ絶縁体となるということを理解するのが本章の目的である。

3.1　単原子,2原子,N原子固体における電子のエネルギー(ナトリウム)

　この節で取り上げる，ナトリウム（Na：原子番号11）は，最初に結論をいえば，金属である。もちろん単原子ではなく，それがN個集まった固体として存在した場合の話である。金属であるから，その固体は良好な電気伝導性を示す。ただし，その性質を利用して電線に使うなどということは一般的には行われない。著者の中学あるいは高校時代，瓶づめされたナトリウムが理科室にあったが，それはとても金属とは思える代物ではなく，ゴミの塊のようなものであった。理科の先生が

「この石油の中に入っている塊はナトリウムで，内部は金属の光沢があります。ナトリウムはナイフで切れるほどやわらかいので，この塊を取り出して切ればその金属光沢を見せることはできるのですが，危険なのでやめておきます。」

と，当時おっしゃっていたことを著者は30年（？）経たいまでも記憶している。

3.1.1 単原子ナトリウム

図3.1にナトリウム原子の構造と，そこに含まれるそれぞれの電子の位置エネルギーをグラフにした図を示す．図2.14で示したアルミニウムに比べて原子番号が小さい分だけ，原子核内プラス電荷（陽子）および外側を回るマイナス電荷（電子）の数が減っているが，原子核陽子数と周りを回る電子数が同数で，互いに引き合うことで原子としての安定を保っており，原子全体として外部から見れば，電荷中性の状態とみなせることは，原子番号すなわち原子の種類が変わっても不変である．さらに，各軌道への電子の入り方も，原子核に近い軌道から順番に詰まっていくので，11個の電子を有しているナトリウムは，$1s^2 2s^2 2p^6 3s^1$ なる電子配置となる．また，図内軌道の下に示した (a/b) という表記は，a：電子数，b：座席数を意味しており，$(2/2)$ であれば，座席が2個あるところに2個の電子が入っている，つまりその軌道が満席であることを示している．

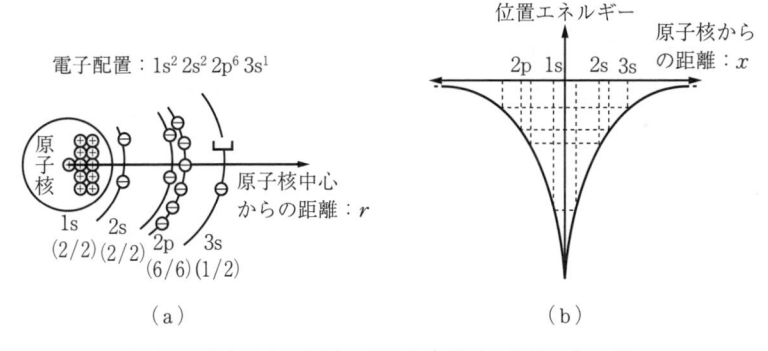

図3.1 ナトリウム原子の構造と各電子の位置エネルギー

さて，図(b)のエネルギー図に目を転じても，アルミニウムにおける図と同様に考えることができ，グラフの縦軸は，無限遠における位置エネルギーの値を0としたときの，各軌道電子の位置エネルギーの値を示しており，各点での傾きは，各軌道の電子に作用するクーロン力の大きさに対応している．このグラフ上の各軌道の位置にボールを置いたと仮定すれば，それは，① マイナスの位置エネルギーを有しているので，原子核電荷からの拘束を受けているこ

と，および，② 各軌道の電子にかかる力の大きさの程度が，原子核からの距離に応じて変わることがわかるであろう。なお，この図では，横軸を x と変えて原子核からの距離を1次元で表現しているが，実際は3次元空間内における電子軌道の原子核からの距離 r に応じて位置エネルギーが変化する（したがって図2.14などでは横軸 r で表していた）ものを今後はこのように1次元に簡単化して考えることにする。

ところで，2章から記している原子の構造図では，原子核の周りを回る電子の図を描いており，図3.1（a）でも同様に描いているが，一方で読者の方々は，「電子雲」なる言葉を耳にしたことがあるかもしれない。いずれどこかで耳にする「不確定性原理」から結論付けられる電子の様子と一般には理解されているが，必ずしもその原理を使わずとも，この段階では図3.1（b）のエネルギー図の意味を理解しさえすれば，（物理現象としては必ずしも正確とはいい難いが）力学の範疇でおのずから「電子雲」のイメージはつかめるものである。すなわち，原子内電子は，図3.1（b）の横軸に記載された軌道名の場所に対応する縦軸値のエネルギーを持っているが，そのエネルギーはつねに位置エネルギーとして有しているわけではなく，時には運動エネルギーにも変換している。例えば，2s電子は2sと書かれた場所に来たときは運動エネルギー0，原子核に近付いたときには，位置エネルギーの減少分を運動エネルギーに変換し，大きな速度を有して原子核近傍をかすめ，再び速度を低下させながら x 座標負側の同じ位置エネルギー値に運動エネルギー0で到達し，それが繰り返される。実際には，これが x 方向だけでなく，y，z 方向も含めていろいろと動き回りつつ，運動エネルギーと位置エネルギーをやり取りしているが，それぞれの時間瞬間に電子の存在する位置を点で描けば，それはやがて原子核を中心とした「雲」のようなものになるだろう。幼児体験における現象としては，お椀の中の側面上のある高さに置かれたビー玉が，お椀の中心を通りながら行ったり来たりする現象と同等であるが，上記二つの場合いずれも

$$（位置エネルギー）+（運動エネルギー）= 一定 \qquad (3.1)$$

となることは読者の方はご存知であろう。この一定値のことを（古典力学にお

3.1 単原子,2原子,N原子固体における電子のエネルギー(ナトリウム) 37

ける)ハミルトニアンと呼び，エネルギーが保存される場合の全エネルギーを表している。すなわち図3.1の縦軸値は，各軌道内電子の全エネルギー（ハミルトニアン）をも示してあり，それぞれの軌道に対応して横に描かれた点線は，各電子がハミルトニアンを維持しながらその範囲を行き来していることを示しており，位置エネルギーが下がる場所に移動した場合は，その減少分だけ運動エネルギーに変換され速度が増しており，再び位置エネルギーが元に戻るところに移動した場合は，運動エネルギーが0となるように，原子核を中心に行ったり来たりする振動の範囲を表しているものと考えることができる。

3.1.2　2原子ナトリウム

さて，このような構造および電子の位置エネルギーを有したナトリウム原子（1）に，別のナトリウム原子（2）を近付けた場合の状況を**図3.2**に示してみる。いわば2原子のみで構成された固体（？）といえるだろう。一応各電子は，この図では位置エネルギー最大のところに描いてある。また，電子数をだいぶ省いているが，原子核に近いものを1s電子，最も遠いものを3s電子と考えていただきたい（軌道の後に記した（1），（2）というのはどちらの原子に属する電子かということを一応示している）。図では，それぞれの電子にかかる力Fを，自分自身が所属する原子核内のプラス電荷からの引力だけを考えて記載している。言い換えれば，図3.1のように各原子が単独に存在した場合の力の大きさを模式的に示しているに過ぎない。しかし実際には，このように原子同士が近付いてくると，各電子は，図に示した力Fだけでなく，他方の原子核からの引力をも感じることになるだろう。力の大きさは，図2.11あるいは式(2.5)にて示したように距離の2乗に反比例しているから，外側にいる3s電子のほうが，内側にいる1s電子よりも他方の原子核からの引

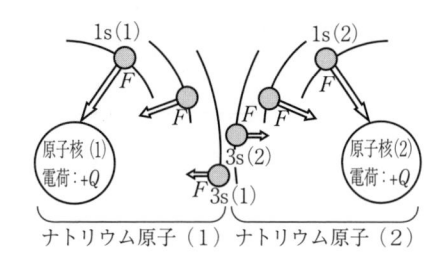

図3.2　2個のナトリウム原子が近付いたときの様子

力の大きさは大きくなる。

ここで，それぞれの電子にかかる力の大きさを，グラフに表してみよう。ここで，各電子の存在位置を x（1次元）で表されると仮定し（すなわち原子核同士を結んだ延長線上にすべての電子が存在し，かかる力は x 方向のみとの仮定），力は大きさだけでなく向きも考慮に入れて，左向きの力をプラス，右向きの力をマイナスの値とする（これはいままでの考え方を踏襲し，この力がかかっている状況において，電子を右向きにゆっくり移動させる際に必要な各点での力を右向きをプラスにとって示したと考えることもできる）。図 3.3 に，その様子を模式化したもの，および，力の合成を考慮に入れて，向きを上記で定義した符号で示した，各場所で作用する力の値を記したグラフを示す。なお，図が煩雑になるため，模式化した図では，電子を図面上で干渉しない位置に若干ずらして記載してある。

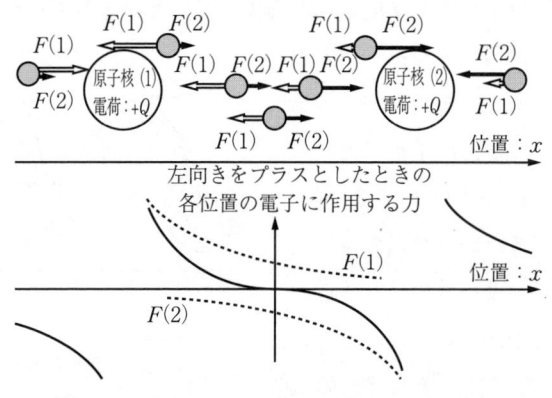

図 3.3 2個のナトリウム原子内の電子にかかる力

図 3.3 下部に示した力を示すグラフで大切なことは，① それぞれの原子核の外側，具体的には原子核（1）の左側と原子核（2）の右側では，遠い原子核からの引力は無視できる程度に小さく，単原子の場合とほぼ同様に，近接原子からの引力のみと考えることができるということ，および ② 原子核の間では，その電子が属している原子核内プラス電荷からの本来の引力に加えて，他方の原子核プラス電荷からの反対向きの引力が加わり（いずれもグラフ中に点

3.1 単原子, 2原子, N原子固体における電子のエネルギー(ナトリウム) 39

線で示してある).結果として2原子の場合は単原子の場合よりも,実線のグラフで示されたように電子を引き付ける力が弱くなることの2点である.①の事実から得られる結論は,2原子になっても,その外側の位置エネルギーの形状は,単原子の場合とほぼ同等になるであろうことであり,②から得られる結論は,2原子になると,原子核の間では位置エネルギーの形状が変化し,単原子の場合に比べて原子核からかなり近い距離(具体的には原子核同士のちょうど中点)で両方の原子核からの引力がキャンセルされるため,力の大きさが0,すなわち位置エネルギーの勾配が0となることである.

　上記を踏まえ,図3.3の力のグラフから積分によって得られる位置エネルギー図を,**図3.4**に示してみよう.これまでの議論,具体的には,2.2節から2.5節までの内容を十分理解した上で,その図の概形を図中に描いてみてほしい.なお,一つの検証としては,自ら書いた図3.4の各点での傾きが,図3.3の各値になっているかどうかを確認するという方法がある.そ

＜自らの手で描いてみよう＞

原子核(1) 電荷:+Q　　原子核(2) 電荷:+Q　位置:x

電子の位置エネルギー　位置:x

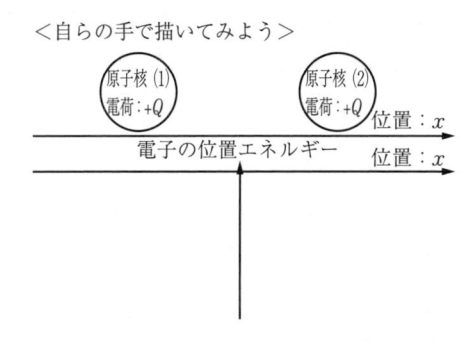

図3.4 2個のナトリウム原子内の電子の位置エネルギー

の解答は**図3.5**に示してあるので,最後に,自分の描いた図と比較してもよいだろう.

　さて,位置エネルギー図が描ければ,単原子の場合とは違った特徴をいくつか見い出すことができる.まず,1s, 2sといった電子の軌道が,原子核同士の間の向きへ,ほんの少しだけ広がっている.これは,例えば1sの電子はその点線で示された範囲内に存在するが,このとき,グラフの縦軸値で示されるハミルトニアンをつねに有している.原子核間では,引力の低下によって,同じハミルトニアンで,より遠くまで達することができるのである.力学的に言

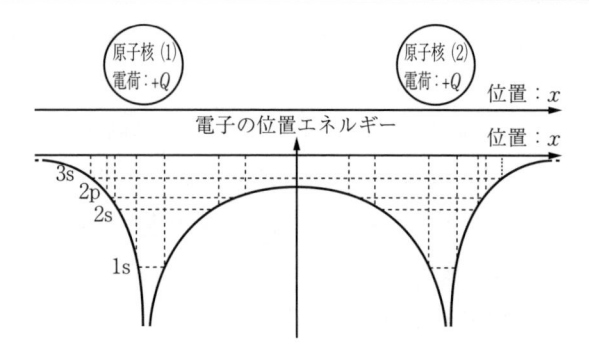

3. 固体における電気伝導 —— エネルギーバンドの形成 ——

図3.5 2個のナトリウム原子内の電子の位置エネルギー

い換えるならば，左右非対称形状のお椀の中でビー玉を転がした場合をイメージしていただきたい。また，外側にある軌道の電子ほど，原子核間における引力低下の度合いが大きいため，その非対称性が増し電子の軌道の広がりはより大きくなる。その結果，ハミルトニアンの大きな2sや2p軌道の電子は，図に示されているように，より原子核間の中央近くまで達することができる。

さらに，より外側にある3s軌道の電子は，（この振舞いが最も重要なのだが）ハミルトニアンが，原子間で低下した位置エネルギー値よりも，大きな値となってしまう。これはすなわち，図に示したように，原子核（1）からの拘束をはずれ，原子核（2）側の引力圏内へ広がることを意味する。ただし，それはあくまで2原子固体（？）の中だけであり，その外側へは出ることができないのは，図3.5を見ても明らかであろう。

このように，つながってしまった3s軌道同士を拡大して描くと，**図3.6**（a）

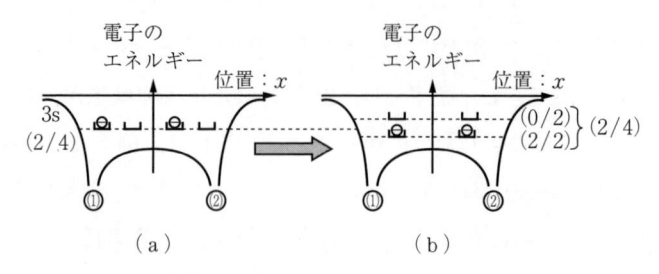

図3.6 つながった3s軌道の変化（内殻の軌道は省略して描いてある）

のようになるだろう。ここで，電流が流れる，すなわち電子が移動するという現象は，外部からの電界印加，あるいは濃度勾配の存在によって，用意された座席の上を電子が移っていくことに対応する。したがって，図（a）の状態が維持されるならば3sの状態は2/4，すなわち座席数が4のうち電子数が2であるから，電子は各空席に移動することで電流の流れが可能になるが，実際には図3.6（b）に示すように，二つのエネルギー状態に分離してしまう。具体的には，s軌道の場合，同じエネルギーに2個分の電子の座席しか作ることができず，元来，各原子核の二つの3s軌道（電子の座席数でいえば4席）があったため，エネルギーの違う二つの軌道に分かれてしまう（余談ではあるが，このような，同じレベルのものが互いに行き来する程度の関係になると，必ず優劣，上下の関係をつけたくなるのは，人間社会でもよく見られることである（高校3年生受験期の同性いとこ同士くらいの関係といえば，本書読者の方にはわかりやすいかもしれない））。実際，分裂した二つの軌道は，図に示したように本来の単独原子の3s軌道電子の持つエネルギーを挟んで上下にできるが，そこに入る電子数は2個なので，より安定となる小さいエネルギーの軌道に2個の電子が入り，大きいエネルギーの軌道は空の軌道となる。けっきょく，2個の原子が近づくことで，それぞれの3s軌道電子のエネルギーが低下し2原子の状態として安定化するのだが，電流が流れるかどうかという観点でこれを見れば，同じエネルギーに空席がないことから，否という結論になるだろう。

3.1.3　N原子ナトリウム

　ナトリウム原子がN個つながった場合も，上記2原子の場合をそのまま拡張して考えることができる。いわばN原子固体だが，ここでもN個の原子が1次元，すなわちx方向につながった場合を想定する。エネルギー図は，**図3.7**のような形，すなわち原子間でのエネルギー低下を適用したまま，原子数だけを増やしたものとなる。したがって，内殻である1s，2sおよび2p軌道

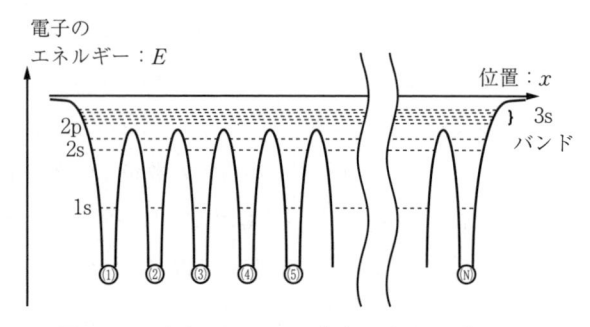

図 3.7 N 原子ナトリウム固体内の電子のエネルギー

に存在する電子は，各原子核にそれぞれ拘束されており，N 原子の固体内に広がることはない。一方，各 3s 軌道は固体内で端から端まで広がり，しかもエネルギーがそれぞれ異なる N 個の軌道に分かれてしまう。ただし，通常の固体を考えた場合，N はアボガドロ数的な数値となるので，各軌道同士のエネルギー差はほとんどなく，取り得るエネルギーは，ほぼ連続的な値と考えられる。したがって，図に示した 3s のところは，エネルギー値は離散的ではなく，帯（バンド）状になるため，**3s バンド**と呼ばれる。

この 3s バンドの部分を拡大した図を**図 3.8** に示す。ここでも 2 原子の場合と同様に，3s からできた $2N$ 個の座席に対して，下から順に N 個の電子が埋

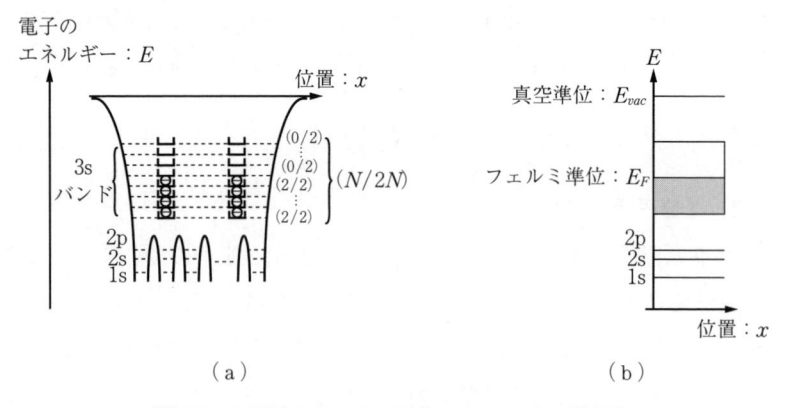

(a) (b)

図 3.8 N 原子ナトリウム固体の 3s バンドの詳細と簡素化したエネルギーバンド図

3.1 単原子, 2原子, N原子固体における電子のエネルギー(ナトリウム)

まっていく。したがって，図に示したように3sバンドのちょうど半分のエネルギーレベルまでが電子で満たされ，その上半分は空席となる。電流が流れるか否かという観点では，下半分は，「電子はあるが移動できる空席がない」といえ，上半分は「空席はあるが電子がない」ということになり，3sバンド内の電子は，内殻の2p, 2s, 1sの各軌道内電子とともに，電流を生じさせるような移動は起こり得ないことになる。

しかし実際には，3sバンド内各軌道のエネルギー差は先に述べたようにほとんどないため，ちょっとしたこと，例えば電界印加によって電子を加速させ，運動エネルギーを増やし，ハミルトニアンを大きくする，あるいはそこまでいわなくとも，室温での熱エネルギー程度で，電子は容易に上のエネルギーレベルに上がることができる。言い換えれば，電気伝導性があるか否かを我々が実験によって確認する状況・環境では，電子と空席とが共存したエネルギーレベルが多数できているのが現実であり，多数の電子が移動可能となり良好な電気伝導性を示すのである。

図3.8 (b) に，図 (a) における電子の取り得るエネルギーレベルだけを抽出して簡素化した，いわゆるエネルギーバンド図を示す。これが金属のエネルギーバンド図としてさまざまな教科書に記載されてあるものであるが，その本来の姿は図 (a) のようなものになっている。簡素化したエネルギーバンド図に記載されている E_{vac}, E_F は

E_{vac}：真空準位

> 電子が N 原子固体「全体」からの拘束を打ち破って脱出することのできるエネルギー。電子のハミルトニアンがこのレベルを超えれば，固体から脱出することができる。なお脱出する先が，電子を拘束するものが何もない（真空の）ところという意味で，こういう言葉があてはめられている。

E_F：フェルミ準位

> 固体内電子の最高エネルギー準位。ただし，熱や電界などちょっとでもエネルギーが加わると電子は即座に上の準位に上がってしまう

ため,「絶対零度における」という注釈が必要になる。なお,温度に制限を与えなくてもよいように,フェルミ準位については,いずれ再定義を行う。

と呼ばれるもの,および意味であるが,図(a)と対比させてみればその意味は明らかであろう。これらのことより,金属(電気伝導性の高い物質)の定義として,フェルミ準位近くのエネルギーに電子の座席がたくさんある物質という言い方もできるのである。

3.1.4 ナトリウムにおけるエネルギーバンド形成のまとめ

表3.1に,ナトリウム原子数が1,2,…,N個と増えていった場合の,電子の様子をまとめる。1s, 2s, 2pの軌道に存在する10個の内殻電子は,これら自体のハミルトニアンが小さいことにより,自分自身が所属する原子核陽子からの束縛から離れられない。原子数が増えた場合,隣の原子核陽子の引力による位置エネルギー形状の変化により,その軌道が原子間に多少広がるが,自分の所属する原子核からの束縛を断ち切るまでには至らない。

表3.1 ナトリウム原子数の増加と電子の様子

ナトリウム原子数	内殻電子 (1s, 2s, 2p) を束縛するもの	外殻電子 (3s) を束縛するもの	外殻電子のエネルギー準位数
1	自分の所属する原子核	自分の所属する原子核	1
2	自分の所属する原子核	2個の原子核	2
N	自分の所属する原子核	N個の原子核	N

一方,最外殻の3s軌道に存在する電子は,ハミルトニアンが大きいため,原子1個の場合であっても,原子核から遠いところにいる場合が多い。原子数が増えると,原子間の位置エネルギーの低下により,3s軌道がその固体内に広がっていく。したがって,3s軌道内に存在する電子は,電荷の引き合いという観点では,固体内全体のN個の原子核に引き付けられているといえる。固体内に広がる3s軌道は,原子の数だけあるが,同じエネルギーを持つ電子の座席数に制限があるため,それらの軌道は,ほんの少しずつエネルギー値の

異なるN個の準位(座席数は$2N$)に分かれ,エネルギーバンド(帯)ができる.

3sバンドに入るN個の電子は,絶対零度では下の準位から半分の高さまで順序よく埋まっていくが,室温状態に置くなどちょっとしたきっかけで容易に上のエネルギー準位に上がることで,同じ準位内の電子の座席のうち電子の存在する席と空席とが共存する状態が,たくさんのエネルギー準位ででき,移動可能な電子が多数生じ,電流を流すことができるのである.なお,ここで「電子の座席」といっているものは,**状態密度**という専門用語で語られることを心のどこかに留めておいてほしい.

3.2 単原子,2原子,N原子固体における電子のエネルギー(シリコン)

シリコン(Si:原子番号14)ほど,現代社会の役に立っている元素は少ないと著者は思う.ざっと研究室内を見渡すと,パソコン,モニタ,プリンタ,コードレス電話機,FAX,携帯電話,MP3プレーヤ,エアコンおよびそのリモコン,温度制御型電気ポット,それらに加えて多数の教科書,参考書,論文等の間に所狭しと置いてある麻雀牌,ダーツ,漫画本,ジッポライターオイル,ぬいぐるみ,就活用スーツ,傘,ゴミ箱等が目に飛び込んでくるが,少なくとも前半にリストアップしたものに関してはすべてシリコンが入っているだろう.これらはここ数〜数十年程度で急速に普及したものであり,たぶん30年以上前の研究室ではそう簡単にお目にかかれる代物ではなかったと思われる(後半のものはお目にかかれたのか?といわれると一部は答えに窮するが…).これだけ急速に普及した電子機器のまさに心臓部に,半導体であるシリコンが使われているのである.

3.2.1 単原子シリコン

図3.9にシリコン原子の構造,および各電子の位置エネルギーを示す.ナトリウムに比べて原子番号が3だけ大きく,2章で示したアルミニウムより1大

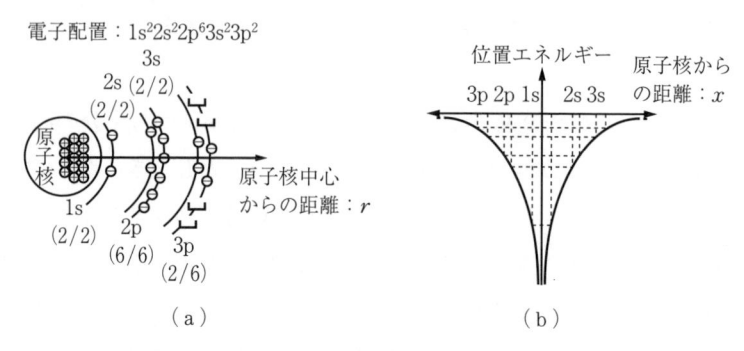

図3.9 シリコン原子の構造と各電子の位置エネルギー

きいことから，原子核陽子数と周りの電子数はともに14であり，電子配置は下のエネルギー準位から順に$1s^22s^22p^63s^23p^2$となる．また，図内 (a/b) の表記を見ると，最外殻の3p軌道だけが電子とともに空席があり，1s～3sの各軌道はすべての座席が電子で満たされている．

図（b）の位置エネルギー図，およびそこから得られる各軌道内電子のハミルトニアンを見れば，ナトリウムと同様に1s，2s，2p，…の順に軌道内電子の広がりは大きくなり，3p軌道の電子が原子核から最も遠い位置までの範囲内で振動している様子がうかがえるだろう．もちろん単原子の場合には，程度の差はあるものの，14個すべての電子が自分自身の所属する原子に束縛されており，原子核内の14個の陽子と電荷の釣合いを保ちながら安定な状態を維持している．

3.2.2 2原子シリコン

2原子になった場合の振舞いも，シリコンは前例のナトリウムとほぼ同じことが起こる．考え方は，ナトリウムの場合の図3.3から図3.4（図3.5）を得たのと同様のプロセスであり，具体的には，自分の所属する原子核陽子からの引力のみを感じていた軌道内各電子に対し，他のシリコン原子が近付くことで，そちら方向への引力が加わり，全体として原子核間での引力が低下する．この低下した引力によって，それを積分することによって得られる位置エネル

3.2 単原子, 2原子, N原子固体における電子のエネルギー(シリコン) 47

ギー図は，原子間においてのみ低下し，**図3.10**に示したもののようになる。図でも明らかなように，1s, 2s, …と，軌道内電子のハミルトニアンが大きくなるに従って，原子核間への軌道の広がりが大きくなるのは，ナトリウムの場合と同様である。異なるのは，シリコンの場合最外殻の3p軌道電子だけでなくエネルギー的に近い3s軌道電子のハミルトニアンも，低下した原子間の位置エネルギーを超えてしまうことである。したがって，3s軌道（1原子当り (2/2)），3p軌道（同 (2/6)）ともに，二つの原子間にまたがった軌道となる。二つの軌道に属する電子は，自分自身が本来所属した原子核陽子だけからの束縛ではなくなり，2個の原子核陽子からの束縛となる。ただし，2原子固体外部へは出ることができないのは，図から明らかであろう。

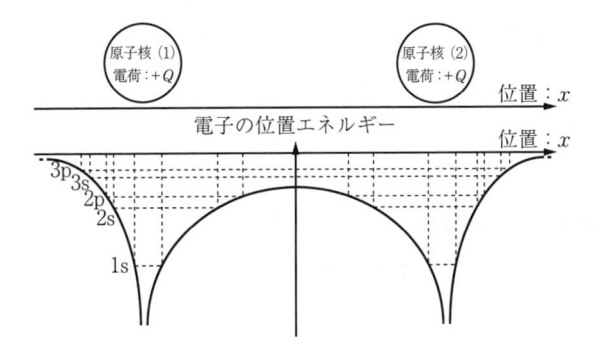

図3.10 2個のシリコン原子内の電子の位置エネルギー

このようにして二つの原子同士の間でつながってしまった3s, 3p軌道は，ナトリウムの例と同様，それぞれ二つのエネルギー値に分離してしまう（**図3.11**）。ここで重要なことは，単原子状態で元来近いエネルギー準位にあった3s, 3p軌道が，2原子状態になったときにそれぞれエネルギー値を上下に大きく分離する際，その分離されて上下に分かれた各軌道内でのエネルギー差がほとんどなくなるということである。言い換えれば，上の軌道内，下の軌道内それぞれにある電子の座席が，本来3sからできたものか3pからなのか，区別がつかなくなってしまう。なお図では上の軌道，下の軌道をそれぞれ$3sp^3$上，$3sp^3$下と表現しているが，このsp^3というのはs軌道一つにp軌道三つ（各軌

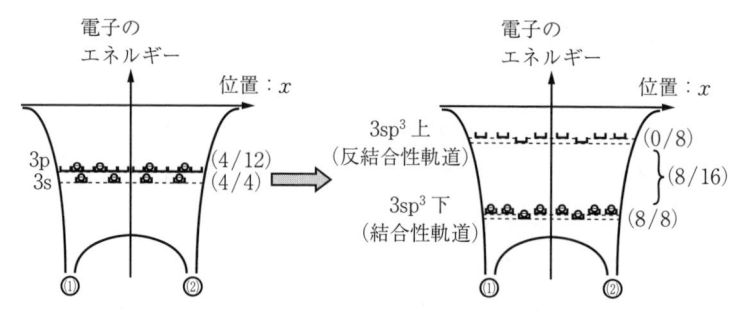

図 3.11 つながった 3s，3p 軌道の変化
(内殻の軌道は省略して描いてある)

道には本来 2 個の電子しか入れない．実は p 軌道にはエネルギーの等しい三つの状態（p_x，p_y，p_z）が存在している．だから p 軌道には各原子当り 6 個の座席がある）から構成されたものという意味であり，それらが上下に分かれることにより，$3sp^3$ 上，$3sp^3$ 下それぞれに 8 個の座席ができる．これらの座席に，下から順に 8 個の電子が入ることになるので，上の軌道は (0/8)，下の軌道は (8/8) となる．なお，一般には上の軌道を **sp^3 反結合性軌道**，下のそれを **sp^3 結合性軌道** と呼ぶが，これは，2 原子がそれぞれ独立に存在する場合に比べて，電子がすべて下の軌道に入ることで全体としてエネルギー的に安定化し，このことが 2 原子の結合を維持させる要因の一つとなることに由来する．

3.2.3　N 原子シリコン

シリコンが多数集まったいわゆる N 原子シリコン固体は，厚さ 0.7～0.8 mm 程度で直径 200～300 mm 程度の薄い円盤状の板，いわゆるウェーハ状のものが市販されており，これが各種半導体チップを製造する基となる．もちろんこの場合，N 個のシリコン原子は 3 次元的に配置されているが，ここでも簡単化のため N 個の原子が x 方向に直鎖状になった場合について考えてみる．もちろん本質的には同じ結論が得られるが，3 次元の構造に対してエネルギー軸を描くには 4 次元の空間が必要になるため，一般的には無理である．

さて，N 原子シリコン固体内の電子の位置エネルギー（および，点線は各軌

3.2 単原子,2原子,N原子固体における電子のエネルギー（シリコン） 49

道のハミルトニアン）を示したものを**図 3.12**に示す。これは，2原子シリコンの場合を前提に原子数を増やしたものであり，原子間の位置エネルギー低下や，内殻（1s，2s，2p）電子の各原子核による拘束などは，2原子の場合と同様である。唯一の違いは，結合軌道と反結合軌道それぞれに対して，原子数増加に対応した多数の軌道がきわめて小さなエネルギー間隔で形成されることであり，それぞれが帯（バンド）状になることから，図のような**$3sp^3$結合バンド**および**$3sp^3$反結合バンド**と呼ばれるエネルギー帯が形成されることである。

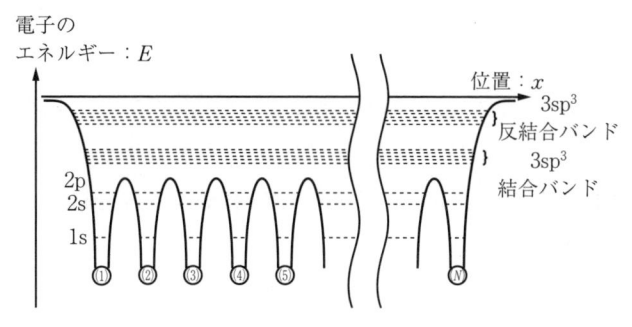

図 3.12 N原子シリコン固体内の電子のエネルギー

これら$3sp^3$結合バンドおよび$3sp^3$反結合バンドの部分を拡大したものを**図 3.13**に示す。N個の原子からできる$3sp^3$結合バンドおよび$3sp^3$反結合バンド

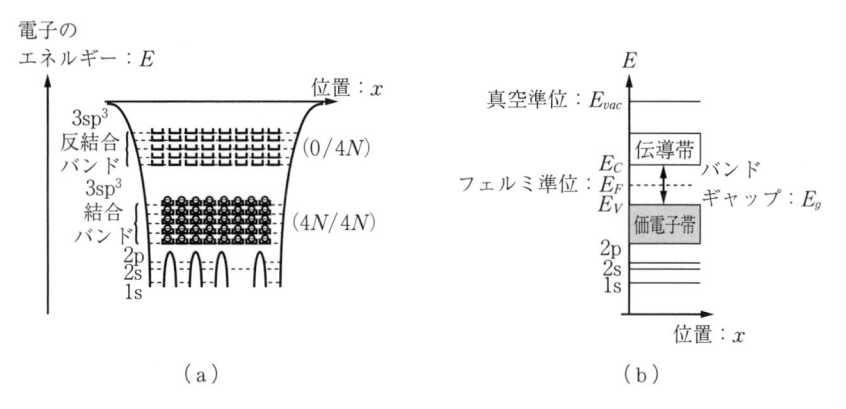

図 3.13 N原子シリコン固体の結合・反結合バンドと簡素化したエネルギーバンド図

の電子の座席数はそれぞれ$4N$ずつであり，そこに$4N$個の電子が下から順につまっていくことにより，$3sp^3$結合バンドはすべての座席が電子で満たされ，$3sp^3$反結合バンドはすべての座席が空席となる。いずれも，「電子はあるが移動できる空席がない」か，あるいは「空席はあるが電子がない」といった電界を与えても電子の移動が不可という電流が流れない条件を満たすため，N原子シリコン固体は，少なくともこの段階では「絶縁体」という結論になるだろう。

図3.13（b）に，図（a）における電子の取り得るエネルギーレベルだけを抽出して簡素化した，いわゆるN原子シリコンのエネルギーバンド図を示す。これが絶縁体あるいは半導体のエネルギーバンド図として随所に記載されているものであるが，あくまで図（b）を簡素化して描いているということは必ず覚えておいてほしい。シリコンの$3sp^3$結合バンドおよび$3sp^3$反結合バンドはそれぞれ**価電子帯**（valence band）および**伝導帯**（conduction band）と呼ばれ，前者はすべての座席が電子によって占められており，後者は全座席が空席である。いずれもその帯の中では，ほぼ連続的なエネルギー値を持ったたくさんの座席（$4N$個）が存在している。さて，3.1節で説明したE_{vac}，E_F以外に，図（b）に記載されているE_C，E_Vはそれぞれ伝導帯の一番下のエネルギー，価電子帯の一番上のエネルギーを表している。さらにその間のエネルギー差をE_g（**エネルギーギャップ**，あるいは**バンドギャップ**）と呼び，シリコンの場合は$1.1\,\text{eV}$（$=1.1\times 1.6\times 10^{-19}\,\text{J}$）であるが，おおよその目安としてはこの値が$3\,\text{eV}$（$=3\times 1.6\times 10^{-19}\,\text{J}$）より大きい物質を絶縁体，小さい物質を半導体と区分けされる。いずれにしても，図3.13を前提とする限りは，半導体であっても絶縁体であっても電界による電子の移動は不可であり，この段階では，いずれも電流が流れる物質ではないと結論付けられる。

3.2.4　シリコンにおけるエネルギーバンド形成のまとめ

表3.2にシリコンの原子数が1，2，…，N個と増えていった場合の，電子の様子をまとめる。内殻にある1s，2s，2p軌道内電子は，これら自体のハミルトニアンが小さいことにより，原子数にかかわらず，自分自身が所属する原

3.2 単原子, 2原子, N原子固体における電子のエネルギー(シリコン) 51

表 3.2 シリコン原子数の増加と電子の様子

シリコン原子数	内殻電子 (1s, 2s, 2p) を束縛するもの	外殻電子 (3s, 3p) を束縛するもの	外殻電子の (電子数/座席数)
1	自分の所属する原子核	自分の所属する原子核	3s : (2/2) 3p : (2/6)
2	自分の所属する原子核	2個の原子核	sp^3 結合性軌道 : (8/8) sp^3 反結合性軌道 : (0/8)
N	自分の所属する原子核	N 個の原子核	価電子帯 : $(4N/4N)$ 伝導帯 : $(0/4N)$

子核による束縛から離れられない。ただし，複数個の場合は，隣の原子核陽子の引力によって位置エネルギー形状が変化するため，その軌道が原子間に若干の広がりを見せる程度の変化はある。

一方，最外殻の 3p および 3s 軌道に存在する電子 (1 原子当り 4 個) は，原子数が 1 個の場合は，自分自身が所属する原子核に束縛されているものの，もともとハミルトニアンが大きいため，所属原子核に対する忠誠心？は低い。したがって，隣に同じ原子がやってきて 2 原子状態になった場合は，隣の原子核陽子による引力の影響を受けた位置エネルギーの低下によりフラフラと隣の領域に広がりを見せる。その際，同じエネルギーの軌道に入れる電子数に制限があるため，sp^3 結合性軌道と sp^3 反結合性軌道の上下に分かれた軌道に分裂し，電子は下から順に詰まっていくことにより結合性軌道が満席となる。

N 原子になった場合の合計 $4N$ 個の外殻電子は，下にできる価電子帯内の $4N$ 個の座席にすべて入り満席の状態となり，上にできる伝導帯には同じ数だけ座席はあるものの電子はまったくなくすべてが空席状態となる。この N 原子の場合の価電子帯と伝導帯の様子は，シリコンに限らずほかの半導体，および絶縁体にも適用され，いずれも電流を流す物質ではないと，この章では結論付ける。

4

半導体はなぜ「半・導体」か？

「半導体」という言葉は，現在ではれっきとした一単語として使われているが，本来は，「semi-conductor：半・導体」という言葉がその由来である。この言葉をそのまま解釈すれば，要するに，抵抗値がほぼ0の導体ほど電流は流れず，だからといって絶縁体ほど抵抗値が大きくはないという意味と思われる。しかしながら実はそんなものは，半導体でなくても世の中にはたくさんある。電気電子系の学生実験を経験すれば，それこそカラーコードで分別された抵抗という部品が，それこそどんな抵抗値でもよりどりみどり，10桁以上の幅の中から選ぶことができるということは，知っているはずである。では，これらと，「半導体」とは何が違うのか，本章以降では，この「半導体」が，一単語として市民権を得ている理由について，少しずつ理解を積み重ねていくことを目的としている。

4.1 新しい概念の導入

3章における結晶シリコン（N原子シリコン）のエネルギーバンドの形成から，結晶シリコンは絶縁体であるという結論が導き出された。電圧をかけた際に電流が流れるという現象は，板を傾けたときに電子が移動するという図1.4に示した現象と等価であるが，それには，**図4.1**に示すように，同じエネルギー準位内に電子の存在に加えて，移動する先となる空席の存在が不可欠なのである。このような観点で結晶シリコンの価電子帯，伝導帯をそれぞれ見てみると，すでに図3.13に示したように

　　価電子帯：すべての座席が電子で埋め尽くされている。

　　伝導帯：すべての座席が空席である。

という状態であり，図4.1に示したような電子と空席とが共存したエネルギー準位が存在しておらず，電流は流れないという結論に達したわけである。

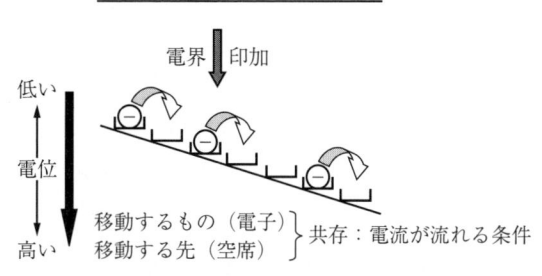

図 4.1 座席と電子

　一方，現代の学生にとっては，シリコンという物質が半導体の代表であることはよく耳にするところであろう。いわゆる「半導体」という言葉は予想にたがわず「半・導体」という意味であるから，ある程度の電気伝導性，すなわち電子の移動が可能であろうと推定できる。

　この一見矛盾することを説明するものとして，新しい概念である**フェルミ・ディラック**（Fermi-Dirac）分布関数およびその意味を学ぶ必要がある。ここから得られる結論を一言でいえば

　「温度が変わると，座席に対する電子の占有の様子が変化する。」
ということになるが，本章これ以降でその結論に至る過程を説明していく。

4.2　フェルミ・ディラック分布関数の形

$$F(E) = \frac{1}{1 + \exp\left(\dfrac{E - E_F}{kT}\right)} \tag{4.1}$$

このテキストで初めて，著者が想定している読者（大学学部2年次程度）にふさわしい式が出てきたが，これが，フェルミ・ディラック分布関数である。関数であるから，何か（a）を変化させるとそれに伴って違う何か（b）が変化する，ということを表したものである。この関数の（a）は E であり，（b）は F であることは，$f(x)$ という高校までに習った関数から類推することで，

左辺を見れば明らかであろう．まずは何も考えずに，(要するに式の中に書いてあるそれ以外の値，E_F, k, Tを仮に1とでも置いて) 横軸E，縦軸Fとして$F(E)$のグラフの概形を描いてみてほしい．その手段は読者の方々に任せたいと思う．もちろん，その際にはどんな手段を用いてもよい．

さて，フェルミ・ディラック分布関数$F(E)$の概形を，**図4.2**に示しておく．参考までに著者が選んだ手段は

① E_F, k, Tをとりあえずすべて1と置き，式(4.1)を書き換える．グラフ用紙に横軸Eを描き

② 横軸Eの各値に対して，縦軸に$\exp(E-1)$の値をプロットし，グラフ化する．

③ $1+\exp(E-1)$のグラフを上記②を上方に移動させることにより描く．

④ ③のグラフの各Eのところに対応した$1+\exp(E-1)$の値の逆数をプロットする．

ものであり，それが図4.2内，実線で示されたものである．また，1と仮定したkおよびTをkTの積として考え，その積が1より大きい場合と小さい場合をそれぞれ破線，点線で表している．

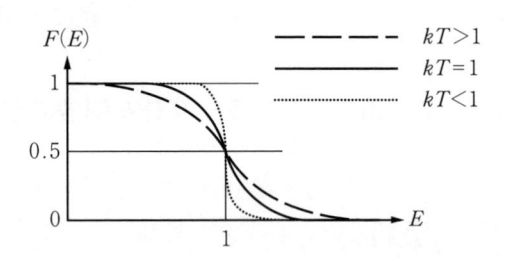

図4.2 フェルミ・ディラック分布関数の概形

ここであらためて，式(4.1)フェルミ・ディラック分布関数に使われている代数について説明しよう．ここにはE, E_F, k, Tという代数が使われているが，Eは最初に述べたように関数において変化させるもの，すなわち変数であり，エネルギー値を示している．E_F, k, Tはそれぞれ

E_F：フェルミ準位，k：ボルツマン定数，T：絶対温度

である。なお，図4.2における横軸値の「1」の場所は，式に照らし合わせると $E-E_F$ が0，すなわち E が E_F と一致するところである。ここで大切なことは，どんな kT 積値であっても，変数 E がフェルミ準位 E_F のところでは，$F(E)$ の値はつねに0.5になるということである。

4.3 フェルミ・ディラック分布関数の意味と特徴

けっきょく，$F(E)$ とは何を表す物理量なのか？という疑問に答えよう。これは，あるエネルギー E に存在する座席のうちに，どのくらいの割合で電子が存在するか，すなわち，あるエネルギー E における電子の占有率を，各エネルギー E について表したものである。これまでの図における電子のエネルギーの軸のとり方にあわせて，$F(E)$ のグラフを書き換えてみたものを図4.3に示す。これは，縦軸すなわち各エネルギー値 E に対して，横軸には電子占有率 $F(E)$ が示されているものである。このグラフを「読む」と，下のエネルギーは電子占有率 $F(E)$ が1であり，上に行くほどその値が小さくなっていくことがわかる。ここで，上述した $F(E)$ の定義より

$F(E)=0$：すべての座席が空席

$F(E)=0.5$：座席のうち半分を電子が占有し，残り半分が空席

$F(E)=1$：すべての座席が電子によって満席

であるから，電子は，それぞれのエネルギー準位に存在する座席に，下から順序良く詰まっていく様子が $F(E)$ というグラフによって示されていることが理解できよう。なお，式の形を見れば明らかであるが，$F(E)$ という関数には，金属，絶縁体，半導体といった物質に依存する要素がまったく入っておらず，すべて絶対温度 T のみで各エネルギー値 E における電子占有率

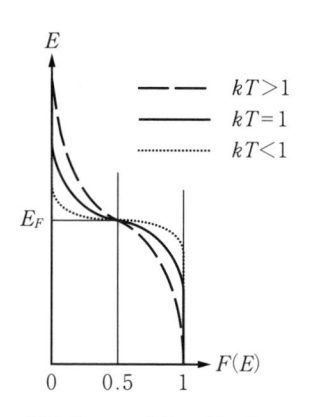

図4.3 フェルミ・ディラック分布関数の意味

が決まることがわかる。

さて、図4.3はkTの値でおおまかに場合分けされているが、kが定数であることから、kTの大小は物質の置かれた温度の高低に対応することがわかる。グラフより明らかなことは、温度が低ければ、電子は下の準位から割と順序良く座席を埋めていくが、温度が上がるにつれて「生きのいい」電子が少しずつ現れてきて、もう少し上の準位の座席を占有するようになることである。もちろんこの場合、下の準位には、低温では占有されていたはずの座席が空席となって残されていることもグラフには示されている。

実際、我々のいる世界（室温：room temperature、R.T. として表されることが多い）は、絶対温度で表現すれば300 K（〜27℃）という非常に高温？の世界であり、そこで使われるすべての物質内では300 Kのフェルミ・ディラック分布関数の形に従って、電子が分布していることになる。いま仮に、**図4.4**に示したような各座席分布を有した物質3種類（A〜C）が室温（R.T.：300 K）状態に置かれているものとしよう。物質Aはフェルミ準位近傍にたくさんの電子の座席（状態密度）を有しているものであり、B、Cとなるにつれて、フェルミ準位近傍の電子の座席がなくなっていくものを仮定している。300 Kのフェルミ・ディラック分布関数の値を、それぞれのエネルギーでの電子の座

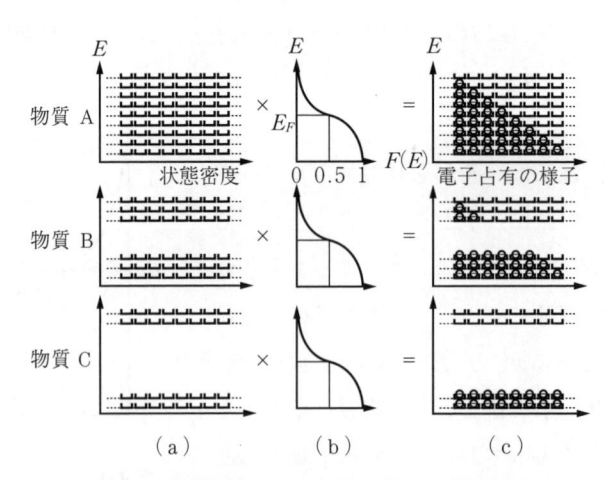

図4.4 各種物質のR.T.における電子占有の様子

4.3 フェルミ・ディラック分布関数の意味と特徴

席数に掛け合わせることによって，図（c）に示す電子占有の様子が描ける。これらを見れば明らかなように，「室温（R.T.）」における物質Aは，電子と空席とが共存したエネルギー準位が多数存在しており，非常にたくさんの動き得る電子を有していることがわかる。一方，同温度に置かれた物質Bは，その電子数が激減していることが明らかである。温度のみで決まるフェルミ・ディラック分布関数の形は同一でも，電子の座席数が0のエネルギー準位では，電子も存在し得ない（0×（任意の数）＝0）。Bは，動き得る電子が最も多くなるはずのフェルミ準位近傍に電子の座席が存在しない物質であるため，電気伝導に寄与する電子数が少なくなるのである。さらに物質Cは，フェルミレベル近傍の広い範囲で電子の座席がないものであり，下の準位は全座席が電子で埋め尽くされており，かつ，上の準位は全座席が空席となっていることから，電気伝導に寄与する電子がまったくない物質であると結論付けられる。

なお，3.1.3項においてE_F：フェルミ準位を，固体内電子の最高エネルギー準位と定義していたが，上記のように温度が変化すればその位置も変化してしまうため，普遍性がなくなってしまう。したがってここで，フェルミ準位の再定義を行っておく。

E_F：フェルミ準位（の再定義）

> 電子の占有率が，そのエネルギーにおける状態密度のちょうど半分（0.5）となるエネルギー準位。ただし，状態密度が0となるエネルギー値や，極低温では，その準位が算出できないので，E上昇に伴って単調減少するフェルミ・ディラック分布関数を，電子占有の様子あるいは温度上昇に伴う電子の励起の様子にフィッティングさせ，占有率が0.5になるエネルギー値を推定し，そこをフェルミ準位と定める。

4.4 金属，半導体，絶縁体

勘のよい読者であればすでにお気付きのように，図4.4に示した物質A，B，Cがそれぞれ金属，半導体，絶縁体を表したものである．もちろんAで代表される金属でも，その種類によって，各エネルギー値での状態密度（電子の座席数）は異なり，それがゆえに金属の種類によって，非常に高い電気伝導性を有する中でも，その電気伝導性（定量的には抵抗率として表される）には若干の違いがある．Bで代表される半導体は，フェルミ準位を挟んだ状態密度が0の部分のエネルギー幅（バンドギャップ：E_g）が物質によって異なっており，定性的にはE_gが小さいほうが電気伝導に寄与する電子の数は多く，したがって電気伝導性が高くなり，E_gが大きいものほど電気伝導性が低い．Cで代表される絶縁体は，半導体のE_gをさらに大きくしたものと考えることができ，一般的な温度範囲では電気伝導性は〜0と結論付けられる．

表4.1に金属，半導体，絶縁体をそれぞれ代表する物質のおおまかな抵抗率の値を掲載しておく．抵抗率とは，その物質を1 cm立方のサイコロ状に切り出し，相対面に金属を貼り付け，そこに印加する電圧と電流の比から算出される抵抗値であり，物質のサイズや形状に依存しない，そのもの固有の抵抗を表すバロメータとなっている．なお，表内Ge（ゲルマニウム），Si（シリコン），GaAs（ガリウムヒ素）はいずれも半導体であり，その抵抗率には大きな幅があるが，電気的な操作，あるいはほんの少しだけ異種物質を含有させることな

表4.1 代表的物質の抵抗率

物 質	抵抗率 [$\Omega\cdot$cm]	物 質	抵抗率 [$\Omega\cdot$cm]
Ag（銀）	1.5×10^{-6}	海水	20
Cu（銅）	1.6×10^{-6}	Ge	$10^{-4}\sim50$
Au（金）	2.1×10^{-6}	Si	$10^{-4}\sim10^5$
Al（アルミ）	2.5×10^{-6}	GaAs	$10^{-4}\sim10^8$
W（タングステン）	5.1×10^{-6}	ガラス	10^{10}
Pt（白金）	10×10^{-6}	石英ガラス	10^{14}
Hg（水銀）	98×10^{-6}		

どにより，大きくその抵抗率を変化「させる」ことができる．実際の数値を見れば明らかなように，その変化は金属的な状態から絶縁体的状態まで非常に幅広く制御可能なことがわかる．これが，半導体が非常に有益であり，広く世の中で使われていることの大きな理由でもある．

4.5 ま と め

この章では，実際に使用される環境（室温：R.T.）における各種物質の電気伝導性の違いを理解するために，フェルミ・ディラック分布関数を学んだ．電気伝導性の有無には，各エネルギーの電子の座席数（状態密度）に対する電子数，すなわち電子占有率が大きく影響しており，まさにそれを表すものがフェルミ・ディラック分布関数である．最後に，このフェルミ・ディラック分布関数の特徴をまとめておく．

① 物質の種類による依存性がない．
　→温度が定まれば，フェルミ準位からのずれとしての各エネルギー値における電子占有割合は，物質によらずすべて等しい．

② 低温では階段状の形状となる
　→温度が低いと，物質中の電子は下のエネルギーレベルから順序良く詰まっていく．

③ 高温ではなだらかな形状となる
　→温度が高くなると，「生きのいい」電子がたくさん出現し，これらは下のエネルギー準位から上の準位へ励起されていく．

④ フェルミ準位 E_F での $F(E)$ 値は温度によらず一定値（0.5）となる．
　→フェルミ準位では，電子占有率がつねに0.5であり，電子数と空席数が，（両者が0である場合も含めて）必ず等しい．

5

半導体におけるキャリヤ生成の考え方
── 自由電子とホール ──

　電荷を有した粒子のうち，動き得るものを「キャリヤ：(運送人，担い手)」と呼ぶことは 1.4 節で触れた。電流の定義は図 5.1 に示すように，電線中でも半導体中でも，とにかくある断面を電荷が 1 秒間に何クーロン (C) 通ったか？という見方をする。もし仮に，1 秒間に 1 C 通ったとすれば，それを 1 アンペア (A) という単位で表す。したがって，キャリヤはまさに電流の担い手であり，その動きがそのまま電流に直結する。一方，半導体内でのキャリヤは，負の電荷を持った電子（**自由電子**と呼ばれる）に加えて，正の電荷を持った**正孔**（**ホール**と呼ばれることが多い）を考える場合が多い。以降，半導体の代表例としてシリコンを取り上げていくが，この章ではシリコン原子のみから構成される，いわゆる純度の高い結晶を例に取り，これらキャリヤの生成の様子を詳しく見ていくことにする。

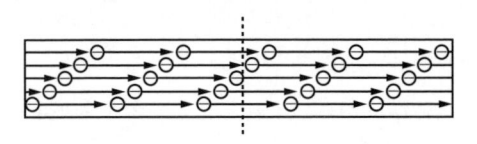

電流（ある断面を 1 秒間に何 C 通ったか）

図 5.1　電流の定義

　一般に，純度の高い半導体は**真性半導体**と呼ばれ，真性シリコンといえば，固体内にシリコン以外の異種原子がまったく入っていないものを考えるのが普通である。しかし現実の真性シリコンは，シリコン以外の異種原子を可能な限り除去した結晶という表現のほうが正しい。現在のテクノロジーでは，シリコンの場合，99.999 999 999 %（9 が 11 個並んでいるので，**イレブンナイン**：(11N) とも呼ばれる）以上までその純度を高めることができている。100 %ではないので，「シリコン以外の異種原子はまったく入っていない」という表現は厳密にいえば正確ではないが，$1/10^{11}$ 以下の不純物量，すなわち原子が 1 000 億個ある中でシリコン以外の原子が高々 1 個という状況が現実には達成されており，「シリコン原子のみから構成される」と考えても差し支えないであろう。

5.1 実際の構造とエネルギーバンド図との対比

 3.2節で,シリコンが単原子,2原子と集まっていき,最終的にN原子シリコンとしていわゆるシリコン固体ができ上がる際の,電子のエネルギーバンドについて記したが,ここではこのエネルギーバンドと実際のシリコン固体の構造について対比していきたい。

 3.2節で述べたように,単原子のシリコンは原子番号(14)の数の原子核内陽子と,同数の1s,2s,…各軌道を回る電子によって構成されており,それらが互いに引き合って安定な構造を形成している。原子内部ではつねに,陽子数と電子数が同じであり,外界からは,+,−が相殺して0,すなわち電荷がまったくないのと等しい状態に見えることになる。一方,N原子シリコン(シリコン結晶)内に組み込まれた一つひとつのシリコン原子を詳細に見てみると,3s,3pに2個ずつあった合計4個の電子はすべて同等な価電子として空間内で等方的な四つの軌道(**sp^3混成軌道**と呼ばれる)内に収納されており,各軌道内の電子が隣の原子のsp^3混成軌道内電子と共有結合し,3.2節で述べたsp^3結合性軌道が形成されている。したがって,全体で14個ある電子のうち4個の価電子は,外界との結合に使われるなど,いわゆる原子から遠く離れる可能性があり,残りの10個の電子だけが,その原子核のみに忠誠を誓い,完全に拘束されていると考えることができるであろう。よって,この10個の電子だけは,つねに同数の陽子と完全にペアを組んでおり,これら10個の陽子-電子ペアは外界からは常時まったく見えなくなると考えられる。

 上記を説明するために,**図5.2**にその様子を示す。図(a)は単原子シリコンの様子であり,14個の原子核内陽子が,1s,2s,…各軌道を回る同数の電子を引き付けており,原子全体としてはつねに+,−が同数であり,全電荷数として中性を保っている(これを**電荷中性**と呼ぶ)。しかし,シリコン結晶内に組み込まれたシリコン原子は,図(b)に示すように,3s,3pに所属していた4個の電子が価電子(太線で示してある)として,等方的な4個の軌道に一

5. 半導体におけるキャリヤ生成の考え方 —— 自由電子とホール ——

電子配置：$1s^2 2s^2 2p^6 3s^2 3p^2$

(a)　　　　　　　(b)

図 5.2　シリコン原子の構造とそのモデル化

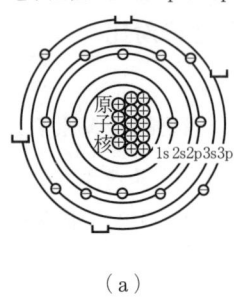

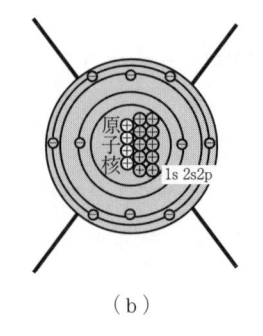

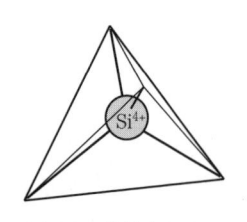

図 5.3　結晶内シリコン原子からの価電子の出方

つずつ入っており，それらが隣の原子に所属する同等の価電子と共有結合をすることになる。ここで原子核内にある 14 個の陽子のうち，4 個だけがクリアに示してあるが，これらは太線で示した 4 個の価電子とそれぞれ対になっており，場合によってはクローズアップされる可能性のあるものとして示してある。すなわち，内殻にある 10 個の電子とは異なり，価電子は忠誠心が低く，かなりの浮気もので，隣の原子の引力などによって行ったり来たりする可能性が高く，もし自分自身の原子核から遠く離れてしまった場合には，対となるはずの原子核陽子がペアを失うことになり，それ自身がクローズアップされ，結果としてその陽子のプラス電荷によるシリコンイオン（Si^{1+}）ができ上がる。そのような浮気の可能性は，実は 4 個の価電子すべてに起こり得るので，最悪（？）の場合，シリコンは 4 価の正イオン（Si^{4+}）になる可能性がある。図（b）に示した影になっている部分は，必ず電荷中性になっている部分（原子核内の 10 個の陽子と，1s，2s，2p の内殻にある 10 個の電子）であり，それ以外の 4 個の陽子と 4 個の価電子は，価電子の移動に伴い，原子の電荷中性を崩す可能性のあるものである。もちろん，図（b）に示した状態は，太線で示されている 4 個の価電子がすべて自分自身の所属する原子核近くにいるので，この場合に限れば，原子核内にクリアに示された 4 個の陽子は 4 個の価電子とそれぞれペアを組んでいると考えることができ，外部から原子全体を見れば中性の状態に見えるであろう。

5.1 実際の構造とエネルギーバンド図との対比

なお，結晶内に組み込まれた実際のシリコン原子は，当然3次元的に配列されており，各原子から突き出ている太線で示された価電子は，全立体角（4π）を空間的に4等分した各方向に突き出た構造をしている。これは，海岸に置かれたコンクリート製4本足の波消しブロックの構造であり，図5.3に示すように，正四面体の中心に原子核を置き，価電子を表す4本の棒が各頂点に向かって延びているという構造に等しく，各棒の間の角度は〜109°となっている。

さて，シリコン結晶を上記4個の陽子を持った原子核（丸で示す）と，4方向に伸びた価電子（棒で示す）とを使って平面的に表すと，図5.4（a）のような構造が描ける。中心に配置したシリコン原子から，実線で示した4本の「手」が伸びており，それぞれ4方向にある隣接したシリコン原子からの「手」と結合を作り，一つの原子の周りにはあたかも価電子が8個あるように見える。価電子が8個ある構造は Ne（ネオン），Ar（アルゴン），Kr（クリプトン）などの希ガスが有するものであり，安定な構造として知られている。いわゆる，少ない電子を原子同士が見掛け上「共有」することにより，安定な構造を作り上げているため，このような結合は**共有結合**と呼ばれている。余談ではあるが，ゲルマニウム（Ge）やダイヤモンド（C）も原子種が異なるだけでまったく同等の構造を有しており，また，ガリウムヒ素（GaAs）は隣同士の原子種が Ga と As である点を除けば，これも同等の構造を有している。

図5.4（b）に，シリコン結晶内の電子のエネルギーの様子を示したエネル

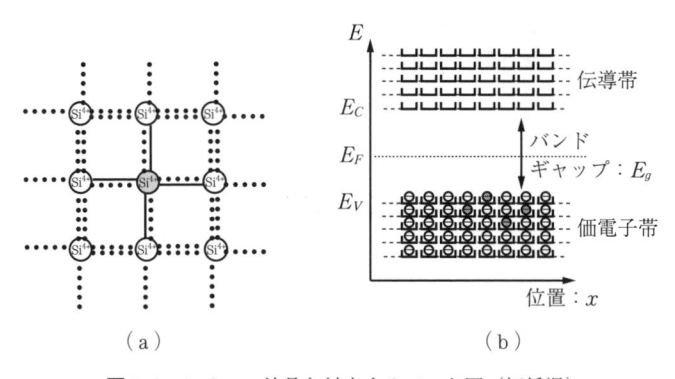

図5.4　シリコン結晶と対応するバンド図（極低温）

ギーバンド図を示す。これは，本質的には図3.13に掲載したものと同等であり，固体内に広がる価電子帯と伝導帯，およびそれらの中の座席と電子のみを表し，内殻にある1s，2s，2p内の電子は省略して記載してある。価電子帯すなわち$3sp^3$結合バンド内にいる電子こそが，原子同士を共有結合によって結び付けている各価電子であり，図（b）内に少しだけ濃い目に記された電子が，図（a）の中心にあるシリコン原子からの実線で示した価電子に対応するものとして記載してある（もちろん実際には価電子帯内のどこでもよい。例として一番上に1個，2列目に2個，3列目に1個が対応しているものとした。なお，こういうことを記すと，専門家の方からは「違う，お前はバンド理論を無視している」とお叱りを受けるだろう。こういうお叱りは十分想定されるが，著者はあえて無視しようと思う。なぜならこれは，初学者が理解することを目的として書いた本であり，専門家の方々のほうには著者の目はまったく向いていないからである。「違う」と思った方々は，すでにこの本の内容は卒業しているはずである）。

さて，図5.4（a），（b）を見比べていただければ，これらの結合している電子は，電界を印加してもまったく動くことができないことがわかるだろう。図（a）でいえば，共有結合の担い手としてしっかり結晶に組み込まれている電子だから，動かすのは容易ではなく，図（b）でいえば，仮に電界を印加しても（バンド図を傾けても），動く先に空席がないので，残念ながら力はかかっても，動かないのである。実際，この構造とバンド図は，4章で述べたフェルミ・ディラック分布関数が階段状の形状をしていることを前提に描かれたものであり，極低温におけるシリコン結晶の様子と考えることができる。

5.2 自由電子と正孔（ホール）

5.1節で示した構造とバンド図は，極低温状態に置かれたシリコン結晶であったが，これを少しだけ温度を上げた場合（ここではこれを低温状態と呼ぶ），それぞれがどのように変化するかを考えてみる。すでに4.3節で示した

ように，温度が上昇した場合のフェルミ・ディラック分布関数は，極低温のそれに比べてなだらかな形状に変化していく．すなわち，熱エネルギーによって下のエネルギー準位である価電子帯から伝導帯へ，ほんの少しの電子が励起するのである．

このようなフェルミ・ディラック分布関数の形状の変化を踏まえた，極低温から多少温度を上げて低温状態にした場合におけるシリコン結晶の構造とバンド図を**図 5.5**に示す．まず，図（b）に示す見慣れた（？）バンド図の変化から考えてみると，上述したようにほんの少し（ここでは1個！）の，しかも偶然，濃い目に記された電子（これは図（a）の中心にあるシリコン原子からの価電子に対応するものとして記載してあった）が，伝導帯へ励起している．まさしく，ほんの少しの熱エネルギーによって，この電子の「生き」がよくなったのである．

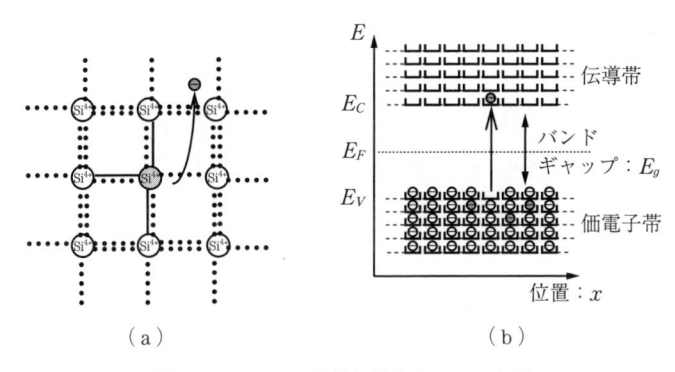

図 5.5 シリコン結晶と対応するバンド図
（温度を極低温から多少上昇）

さて，このエネルギーバンド図と対比させて図（a）の構造図がどのように変化するかを考えてみる．価電子帯にいた電子が伝導帯に上がったというバンド図中での出来事は，図（a）では原子間での共有結合を担っていた電子が運動エネルギーを得て，その結合の責を放棄し，結晶内を浮遊している状態になったということを意味する．図中では，結合していた電子があたかもその場所から離れるような絵を描いたが，必ずしも位置を変える必要はない．同じ場

所に留まりつつ、エネルギーだけが大きくなれば（要するに、運動エネルギーが大きくなっていれば）、結合の責務から開放され、伝導帯に上がった状態になる。

この現象をイメージするのは難しいが、強いて身近なものに置き換えれば、図 5.6 に示すようなものになるであろう。E_V というフロアに各原子核（4+ と表記）を取り巻くように 2 個ずつ 4 方向、合計 8 個の共有結合を担う電子が規則正しく配列（居住）しており、そのうち 1 個の電子だけがその (x, y) 座標を維持したまま、上の E_C フロアに上がって（転

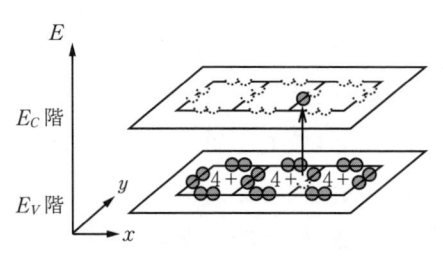

図 5.6 座標 (x, y) を変えずにエネルギーだけが増えた電子のイメージ

居して）いった様子である。上階のほうがエネルギー（家賃）が高いので、極低温（景気が"冷え切っている"状態）ではすべての電子（住人）がエネルギー（家賃）の低いフロアに住んでいる。しかし、少し温度が上がる（景気が上向きになる）ことによって、まずはその恩恵をほんの一部の電子（住人）がエネルギー（お金）を得ることにより享受し、x, y 座標を維持したままエネルギー（家賃）の高い、これまで誰も住めなかったフロアへ引っ越す。もちろん、この引越しに伴って下のフロアにはその分空席（空き部屋）が 1 個できることになる（上層階は、家賃が高くても、残念ながら眺めが良くなるだけであり、間取り、すなわち電子（住人）の座席（住める場所）などは下階とまったく同じであるとの前提である）。

さて、極低温からほんの少しだけ温度が上がり、低温状態になったシリコン結晶の様子を図 5.5 あるいは図 5.6 に示したが、読者の方にはそれぞれのどちらかの理解しやすいほうを選んでもらってかまわない。ただ、どちらの図を選んでも、励起した電子はそのエネルギーが変わるだけであり、存在する位置（図 5.6 では (x, y) 座標）が変わる必要はないということをしっかりと認識してほしい。したがって、位置に関する電子の移動はなく、原子核陽子による

5.2 自由電子と正孔（ホール）

原子 1 個当り 4 個のプラス電荷と，原子核周辺の価電子による原子 1 個当り 4 個のマイナス電荷は，いまだにすべてペアを組んでおり，この状態を外部から見れば，電荷中性が維持されていることがわかる。

さて，これらの低温状態のシリコン結晶に対して，外部から電圧をかけることを考えてみよう。具体的には，位置によって縦軸 E の値が変わる場合，これらの電子がどのような移動を起こすかということである。

図 5.6 を前提に，そこに電圧をかけるということは…，例えは悪いが，地震あるいは施工不良…，理由のいかんはともかく，このアパートが，プラス側が下方に，マイナス側が上方になるように傾いてしまった…，ということになるであろう（**図 5.7**）。そうすると，上のフロア E_C 階にいる唯一 1 個の電子は，図のように空いた部屋を ①，② と伝わって，(x, y) 座標を変えながら右下に落ちていくであろう。このように，E_C 階にいる電子は，ほとんど何の制限もなく，電界（傾き）に応じて自由に移動することができるため，**自由電子**と呼ばれる。一方，下のフロアである E_V 階でも，1 個の空席を利用して，電子の移動が起こるはずである。この E_V 階での動きを詳細に見てみると，まずは空席になっている場所へ左隣の電子が ① のように滑り落ちる。これによって空席の位置が左隣に変わるので，さらにその左上の電子が ② のように移動することができるようになる。空席はまた左上に移動するので，③，続いて ④ のような電子の移動が起こるであろう。E_C 階でも E_V 階でも，当然のことながらマイナス電荷を有する電子はすべて下方であるプラス側に移動していく。

しかし，それぞれには大きな違いがあり，E_C 階での電子の移動は，最初に動いた電子そのものが連続して移動し続けるのに対し，E_V 階では各 ① 〜 ④ の過程で動く電子はそれぞれ別物になっているということである。これはたいへん重要な意味を持っており，E_C 階と E_V 階では移動の速度が異な

図 5.7 傾いたアパートにおける住人の移動

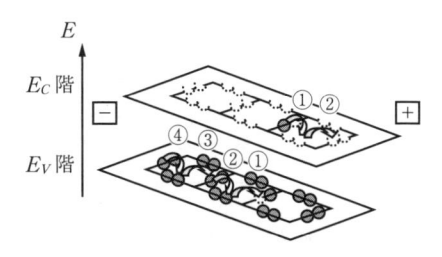

ることを意味する．すなわち，E_C 階では転げ落ちる電子が ①，② と引き続き起こる過程でどんどん加速されてその速度を増していくことが可能であるのに対して，E_V 階では各過程 ①〜④ は，各過程に寄与する電子がすべて初速度 0 からのスタートとなるのである．

これが，低温状態のシリコン半導体に，外部から電池を接続し，電界を生じさせた結果生じる電子の動きである．もちろん，電界による作用は電荷を持つその他の粒子，すなわち，クローズアップされた 4 個の原子核内陽子，中性といって無視し続けている 10 個の内殻電子およびそれに対応する同数の原子核内陽子にも当然，力 ($F=qE$) として働くが，これらは自由電子に比べて非常に大きな質量を有することや，そもそも原子核自体が共有結合による強い束縛を受けていること，原子内でのクーロン力による拘束等により，同じ力が与えられてもその位置を変えることはほとんどなく，電界の作用による動きが生じるのは，価電子である 1 原子当り 4 個の電子の動きのみと考えることができる．

さて，図 5.6 に対して電圧を印加し，電界を生じさせて図 5.7 のように各電子が動いた結果，図 5.8 に示すのが移動終了後の最終的な姿である．図 5.6 と図 5.8 の比較をすれば，E_C では電子が右端へ動いたことが明らかであるが，E_V では，実際には各電子が右側に一つずつ移動したにもかかわらず，それがあたかも空席が左端へ動いたかのような錯覚に陥るだろう．電位で考えれば，マイナスの電荷を持つ電子は E_C でも E_V でも素直に下方に示したプラス側に引かれていたのに対し，その結果生じる E_V での空席は，あたかもそれ自体がプラスの電荷を有するように，上方のマイナス側に引き付けられていくような振舞いを見せる．移動終了後には実際，マイナス電荷は右端に，プラス電荷は左端にそれぞれ図のように出現する．当然のことながら，空席それ自体はプラス電荷を持つはずがない．1 個の空席ができることによって，本来そこに存在する価電子とペアを組んでい

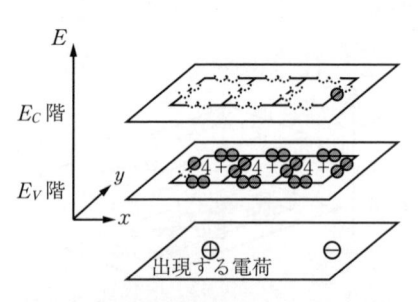

図 5.8 移動終了後の様子と出現する電荷

5.2 自由電子と正孔（ホール）

たはずの原子核陽子（1個）が，ペアを失うことによりそれ自身がクローズアップされ，結果としてその陽子のプラス電荷によるシリコンイオン（Si^{1+}）ができ上がるのである。したがって，このプラス電荷自体がマイナス側に動いているわけではなく，空席の移動に伴い，各時間的瞬間にクローズアップされている原子核プラス電荷が，順次マイナス方向に移り変わっていくのである。

この空席，およびそれに伴って必ず出現するプラス電荷を併せて**正孔（ホール）**と呼び，E_Vでの電子の動きは，ホールの動きに置き換えて考えることができる。多数の価電子と極少数の空席を有するE_Vでの電流の流れは本来，多数の電子の動きが関与して生じるものであるが，それをきわめて少ない数の空席の移動と錯覚することが，ホールの考え方の本質である。実際にこのような錯覚？をすることは，幼児体験でもよくある話である。**図 5.9**にストローとコップの図を示す。図（a）は空のコップにストローを通して上から少しずつ水を入れていく場合であり，図（b）は水の入ったコップにストローを通じて空気を入れる場合である。左側の現象を説明するのであれば通常，「重力によって水滴がコップの底に落ちていく」と表すであろうが，図（b）の現象を「空気が入った空洞（泡）の場所に，その直上の水が重力によって落ちてきて，その結果その空洞が，落ちてきた水が元来あった場所に移動し，さらにその直上の水（さっき落ちたものとは別の水分子の集団）が，その空洞の部分に落ちることで，その空洞はさらに上方へ移動する」という表現をすることはまれであろう。後者の一般的な表現は「泡が浮き上がる」。もっと詳しく習った人は，「水と空気に作用する重力の差分だけの浮力が泡に生じ，上方に移動する」とでもなろうか。本来，浮力などというものは存在しないのだが，観察対象を泡とするからこそ，このような考え方に違和感を感じないのである。いずれにせよ，モノの移動を我々が観察する場合には通常，移動する

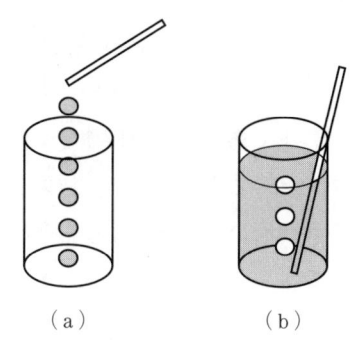

図 5.9 ストローとコップでの幼児体験

数が少ないモノのほうに目がいくという性質があることを覚えておいてほしい。その証拠に、水の中に入っている泡の動きを熱心に眺めていても、それがいざコップ外の空気中に出て多数派になってしまうと、その動きをさらに追おうなどという気はさらさら起きないものである（もちろん、仮にそんな気持ちを抱いたとしても、周りの空気と、かつて水の中の泡だった空気との区別は実際にはできないので、そんなことは無理であるが）。なお、図5.9の例でも、図(a)では水の速度は自由落下と同様、どんどん増加するのに対し、図(b)での泡が上方に向かう速度は相対的に小さいことは経験上知っているであろう。ホールの移動と同様、泡の上方への移動と見えるその実態は、水の下方への落下であり、その移動をつかさどる水は、違うものがそれぞれ初速度0から落ち始めるものであり、結果として見える泡の浮き上がる速度は、水の自由落下の場合ほど大きくはならないのである。

図 5.10(a)に、図5.5(b)のバンド図を再掲する。この図は本来、各原子に所属する3s, 3pの電子が、N原子固体になったときに有するエネルギー値を描いたものであったが、当然、これらすべての電子は、図中では省略されている原子核内陽子とペアを組んで電荷中性を保っている。電界印加によって、伝導帯、価電子帯それぞれの中にある動き得る荷電粒子、すなわち電流の源を考える場合には、できるだけ錯覚を起こさせ、動く荷電粒子をできるだけ少なく描いたほうが、考える上でより簡単であろう。よって、図(a)に代わって、

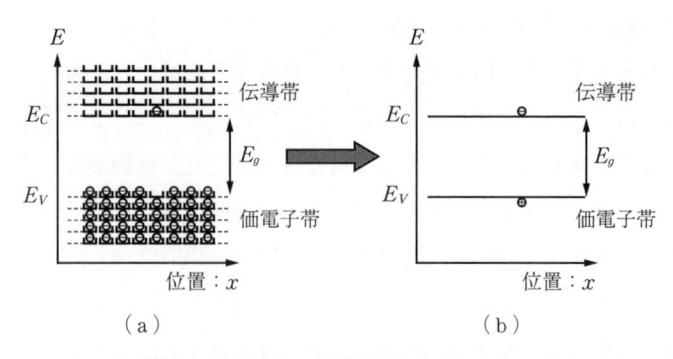

(a)　　　　　　　　　　(b)

図 5.10 伝導帯，価電子帯それぞれの中で
電流の源となる荷電粒子

5.2 自由電子と正孔（ホール）

しばしば，図 (b) のようなバンド図が描かれることが多い。この図は，伝導帯にある電子はそのまま電界（傾き）に応じて自由に振る舞える電子（自由電子）として，価電子帯にある空席は，プラス電荷を有する粒子（ホール）として描いたものである。もちろん，電流の担い手（キャリヤ）である自由電子の数とホールの数は，その生成理由から考えて同数であることは自明であろう。

伝導帯に自由電子を，価電子帯にホール（だけ）を描いたこの図は，電界印加の場合の各キャリヤの動きを簡単に表せる。図 5.11 に図 5.10 の各バンド図の表し方に対して電界印加した場合の様子をそれぞれ示す。また，各図上部には，実際に与えた電圧の極性を示してある。図 (a) は，正確な電子の動き，すなわち伝導帯中であろうと価電子帯中であろうと，マイナスの電荷を有する電子がいずれもプラス側に引き寄せられている様子が示されているが，その結果として価電子帯で生じる「プラス電荷を伴った空席のマイナス側への移動」という錯覚に陥るまでには時間を要する。これに対して図 (b) では，伝導帯の自由電子はそのまま坂道を下るように x 座標正側に移動し，また，価電子帯のホールはプラス電荷を伴いつつ，電子で満たされた価電子帯内にぽつんと存在している泡が坂道に沿って上っていくように，ゆっくりと x 座標負側に移動していく様子を，それぞれイメージすることができるであろう。

このような，キャリヤだけを抽出して描いたバンド図は，価電子帯内の多数

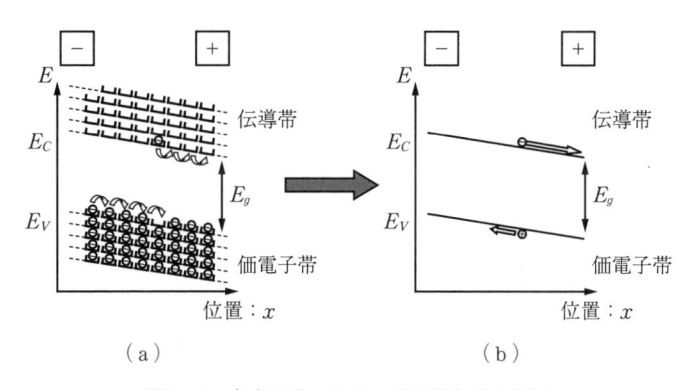

図 5.11　各表記法における電界印加時の様子

の電子とそれら電子が詰まった座席，および伝導帯にある座席はすべて省略されており，さらに，伝導帯の上限や価電子帯の下限は明示されていないのが一般的である。これ以降，本書でもこのようなバンド図を用いることが多くなるが，あくまでそれは図（a）を省略して描いていることを忘れないでほしい。今後，例えば，ホールはなぜプラス電荷を持つのか？あるいは，ホールの移動は一般的になぜ自由電子の移動よりも遅いのか？といった基本的な疑問に出くわしたときなどのために，原点回帰すれば必ずそのイメージがつかめるということを忘れないでいていただきたい。

5.3 真性キャリヤ密度

5.2節で，真性半導体の自由電子とホールの生成機構について，構造図とエネルギー図とを併用して詳しく見てきたが，生成されるそれらの数は，フェルミ・ディラック分布関数の形状の変化からも明らかなように，温度によって大きく異なっている。もちろん，温度が高くなるにつれて励起される電子数が増えるが，これはフェルミ・ディラック分布関数がだんだんなだらかな形状に変化していくことに対応している。

図 5.12 にシリコン（$E_g = 1.1$ eV）およびバンドギャップがそれに比べていくらか小さいゲルマニウム（$E_g = 0.66$ eV）の自由電子，ホール存在の様子を概念図として示す。ここでは，例として温度が，（a）低温（前節の例），（b）室温，（c）高温の三つの場合についてフェルミ・ディラック分布関数の形状とともに示してある。また，**表 5.1** に，これらキャリヤ（自由電子またはホール：当然両者は同数である）のおおまかな数を示してある。数といっても，固体が大きければそれだけ多数の自由電子やホールができるので，単位体積当りの個数（単位は cm^{-3}，すなわち 1 cm^3 の中に何個あるか）で表すのが一般的であり，その値は n_i（**真性キャリヤ密度**）と呼ばれる。これら，真性キャリヤ密度（n_i）の値を実際に眺めてみると，まず第一に，温度によって大きくその値が変わることに気付くであろう。室温付近のシリコンでは，11℃上がるご

5.3 真性キャリヤ密度

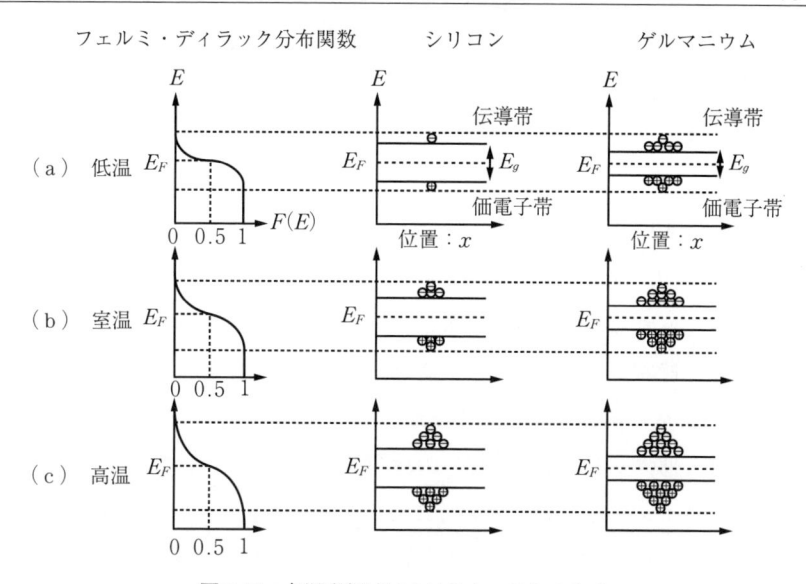

図 5.12 各温度領域におけるキャリヤの生成

表 5.1 シリコンとゲルマニウムの真性キャリヤ密度

温度 [K]	シリコンの n_i [cm^{-3}]	ゲルマニウムの n_i [cm^{-3}]
50	2.2×10^{-42}	1.7×10^{-21}
100	1.5×10^{-11}	2.9×10^{-1}
150	3.8×10^{-1}	2.1×10^{6}
200	6.9×10^{4}	6.4×10^{9}
250	1.1×10^{8}	8.5×10^{11}
300	1.5×10^{10}	2.3×10^{13}
350	5.2×10^{11}	2.6×10^{14}
400	7.8×10^{12}	1.6×10^{15}
450	6.5×10^{13}	6.8×10^{15}
500	3.6×10^{14}	2.2×10^{16}
550	1.5×10^{15}	5.7×10^{16}
600	4.9×10^{15}	1.3×10^{17}

とにその値は約2倍ずつ増えることが知られている。表5.1に示した，温度変化に伴う真性キャリヤ密度の変化を知った上で，図5.12に示した温度によるキャリヤ生成量変化の概念図を再び見てみると，この図に示されている自由電子やホールの数は，数そのものというよりも，数の「桁数」の変化を表していると考えたほうがよさそうである。具体的には，例えば室温から高温に変化し

たシリコンでは，真性キャリヤ密度が（6-4=2）個増えるのではなく，（6-4=2）桁ほど増えると考えたほうが，より現実に近い。

さて，実際の真性キャリヤ密度の室温付近での値を見てみよう。概数として下記に示すと

$n_i = 1 \times 10^{10}$ cm^{-3} （室温のシリコン）

$n_i = 2 \times 10^{13}$ cm^{-3} （室温のゲルマニウム）

程度であり，これらの数の電子およびホールが各固体 1 cm^3 中に存在していることになる。絶対値としてこれらの値を見れば，当然「きわめて大きな」値と感じるのが自然であろう。しかしながら，結合を組んでいる（価電子帯にある）電子のうち，室温ではこれだけの数が励起しているという割合で見れば，その値は「きわめて小さい」ということになる。例えば，シリコン結晶は，1 cm^3 当り約 5×10^{22} 個のシリコン原子があり（原子密度：5×10^{22} cm^{-3}），各原子が 4 本の結合電子を出しているから，2×10^{23} 本（個）の結合を組んでいる電子（価電子帯にある電子）が 1 cm^3 中にあることになる。室温ではそのうち 1×10^{10} 個が伝導帯に励起しているのであるから，その割合は

$(1 \times 10^{10}) / (2 \times 10^{23}) = 5 \times 10^{-14}$

すなわち，価電子帯中に 20 兆個の電子があれば，そのうちの 1 個の電子が伝導帯に励起し，自由電子とホールが生成されているということになる。

さらに，材料の違いに目を向けてみれば，バンドギャップ E_g の小さなゲルマニウムのほうがシリコンよりも，すべての温度領域において n_i がより大きな値をとるのが，図 5.12 の概念図および表 5.1 両者からわかるであろう。けっきょく，温度のみによって決まるフェルミ・ディラック分布関数の値 $F(E)$ が 0 および 1 以外，すなわち $0 < F(E) < 1$ の範囲内で，フェルミレベル E_F より上，すなわち $F(E)$ が 0.5 以下のところには自由電子が，E_F より下，すなわち $F(E)$ が 0.5 以上のところにはホールが生成されるはずだが，材料によって異なる値を持つバンドギャップ E_g 中には電子の座席（状態密度）がないため，それを除いた範囲，すなわち状態密度がある伝導帯と価電子帯内でのみキャリヤが生成されることになる。したがって，E_g が大きければ大きいほど生成さ

5.3 真性キャリヤ密度

れるキャリヤ数が少なくなるのである。

なお，これまでも電子の座席のことをたびたび**状態密度**と呼んできたが，電子の座席も真性キャリヤ密度と同様，固体の体積が増えればそれに応じてその数も増えていく。したがって，「密度」という言葉を加えて，単位体積当り，すなわち固体 $1\,\mathrm{cm}^3$ の中に何個の座席があるかという尺度で測られるものである。

これらを踏まえて本書ではこれ以降，自由電子とホールは，**図 5.13** のような曲線で囲まれたひし形（？）で表現することにする。すなわち，フェルミレベル E_F を中心にその上方に自由電子，下方にホールが生成されるが，フェルミ・ディラック分布関数が温度上昇に伴いなだらかになることから，温度が上がるほどそれらの存在位置は上下に伸び，曲線ひし形で囲まれたそれぞれの面積が自由電子やホールの（桁）数に対応するというものである。この図を基に，材料すなわち E_g の違いに対応させて，E_C，E_V を書き足せば，それぞれの材料の温度変化に対するキャリヤ数が概念としてわかるというものである。

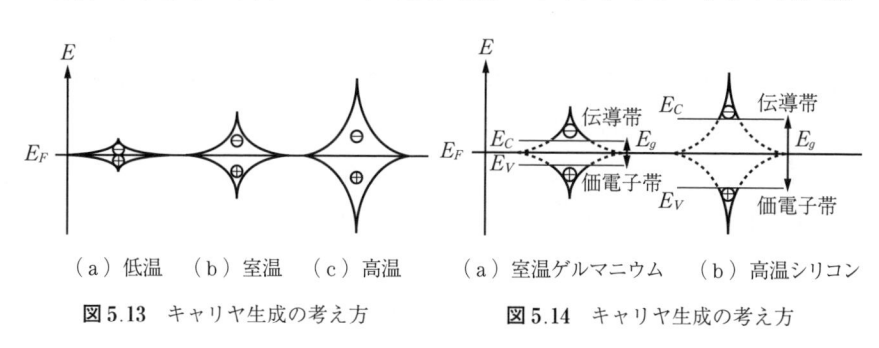

（a）低温　（b）室温　（c）高温

図 5.13 キャリヤ生成の考え方

（a）室温ゲルマニウム　（b）高温シリコン

図 5.14 キャリヤ生成の考え方

具体的に**図 5.14**（a）に室温状態に置かれたゲルマニウムのキャリヤ生成の様子を，図（b）に高温のシリコンのキャリヤ生成の様子を，図 5.13 を基に描いた結果を示した。曲線ひし形で囲まれた領域のうち，各 E_C より上の領域が自由電子の存在領域であり，各 E_V より下がホールの存在領域である。それぞれの領域の面積が各キャリヤの（桁）数に対応しており，例えば，室温ゲルマニウムと同等の真性キャリヤ密度は，バンドギャップ E_g が大きいシリコンで

は，温度を上げることで得られるということが理解できるだろう．

さて，これら真性半導体では，$1\,\mathrm{cm}^3$ 当りの自由電子数（自由電子密度：n〔cm^{-3}〕），同じく $1\,\mathrm{cm}^3$ 当りのホール数（ホール密度：p〔cm^{-3}〕）を真性キャリヤ密度 n_i〔cm^{-3}〕と置いたのだから，下記二つの式が成立するのは当然である．

$$\text{（真性半導体）}\quad n+p=2n_i \tag{5.1}$$

$$\text{（真性半導体）}\quad np=n_i^2 \tag{5.2}$$

式 (5.1) は，自由電子密度とホール密度との和，すなわち固体内の $1\,\mathrm{cm}^3$ 当りのキャリヤの総数を示すものであり，その数値は電気伝導性に大きく影響を与えるものである．一方の自由電子密度とホール密度との積を示す式 (5.2) は，真性半導体を扱う限り，その有意性はないが，**質量作用の法則**と呼ばれ，次章以降の話の展開において，最も利用価値のある式となっていくことになる．

5.4　ま　と　め

固体中の電子の移動を考える際に，どうしても忘れ去ってしまう電荷中性の前提条件を基に，半導体中のキャリヤである自由電子とホール生成の機構を，構造図とエネルギーバンド図を対比することで学んだ．価電子帯にできるホールはあくまで電子の抜けた空席であり，それ自体が電荷を有することはあり得ない．さらに，ホールの移動というものはすべて，周りに多数存在する電子の移動の結果として，錯覚するものである．この章では，この錯覚を前提に広く用いられているエネルギーバンド図を，電子が多数詰まっている本来の姿から解き明かしてきた．さらに，4章で導入したフェルミ・ディラック分布関数を前提とした，シリコンとゲルマニウムの真性キャリヤ密度の温度依存性について説明し，キャリヤ生成の考え方の概念図を示した．

6

半導体における不純物とは？

　半導体をデバイスとして用いる際，5章で述べたような真性，すなわち異種物質が入っていない状態で使うことは一部の例外を除けばほとんどない。シリコンの真性キャリヤ密度（n_i（室温）$=1\times10^{10}$ cm^{-3}）の値はあまりに小さく，電流を流すにはキャリヤ数が少なすぎるためである。実際，表4.1に示したGe，SiおよびGaAsといった各種半導体の抵抗率には大きな幅があるが，その中で各右端に示された大きな数値は，異種物質を含まない真性のものの各抵抗率の値である。そこで，導体と遜色のないレベルである左端の値に近付け電流をスムーズに流すために，本章にてこれから述べる不純物の導入を行うことになるのだが，**不純物**という言葉は，世間一般で使われる場合には，ネガティブな意味を有しているだろう。特に昨今，それを食料品などにおける言葉として用いた場合には，いやな印象を持つものである。食料品などの場合に使われる「不純物」とは，本来のもの以外に，何かよくわからない多種多様な物質が，それぞれ適当な量混入しているという意味であろう。しかし，本来のものとは異なるというだけで，ある決まった物質を，しかも適量きっちり入れる（例えば，生卵に醤油を加える，コーヒーに砂糖を入れる，…）という，いわゆる「制御された量のとある決まった物質」ということになると，必ずしもネガティブな意味ではなくなる。

　表4.1の各種半導体の抵抗率を最も左側に示した値に下げ電気伝導性を向上させるには，キャリヤ数を増やせばよい。この方法の一つとして，上で述べたように半導体に「不純物」を添加するということが現実に行われている。もちろんここでいう「不純物」とは，後者の意味，すなわち，ある決まった物質を，しかも厳密に制御された量だけ，半導体に混ぜ合わせるという「制御された量のとある決まった物質」のことである。この章では，半導体の代表例としてのシリコンに，一般に不純物と呼ばれる「制御された量のとある決まった物質」を入れることによる効果について，構造とエネルギーバンド図を用いて考えていく。

6.1　n 型 半 導 体

　n型半導体とは，結晶シリコンにリン（P）やヒ素（As）などのV族元素（注：現在の高校の課程ではこれらを15族というらしいことは，恥ずかしながら近年，本内容に関する講義中に受講学生からの指摘で初めて知った）を不純物として添加したものである．結果としてシリコン結晶中のnegative（負の）キャリヤ，すなわち自由電子が増えることから**n型**と呼ばれている．もちろんこの不純物は，その元素種だけでなく添加される量も厳密に制御されて導入された，いわゆる「制御された量のとある決まった物質」であるが，それに加えてシリコン結晶中にただ存在するだけでなく，本来シリコン原子が存在した場所を置換して結晶内に組み込まれていることが，その役割，すなわち自由電子数の増加を果たすための条件である．なお，このような不純物が結晶内にきちんと組み込まれることを不純物の**活性化**と呼ぶ．いわゆる，本来与えられた役割をちゃんと果たすという意味である（参照語句：脳の活性化）．

6.1.1　実際の構造とエネルギーバンド図との対比

　n型半導体用不純物の例としてリン原子について考えてみる．リン原子の構造を**図6.1（a）**に示す．リンは原子番号15，シリコンよりも原子番号が一つだけ大きい原子であり，電荷数という観点での違いは原子核内陽子数および周りを回る電子数がシリコンに比べてそれぞれ一つだけ多くなるということである．15個の電子は$1s^2 2s^2 2p^6 3s^2 3p^3$という形でそれぞれの軌道に入っている．ここで，価電子，すなわち周りとの結合に使われる電子は，3s軌道の電子2個と3p軌道の電子3個の，合計5個ということになり，図5.2に示したシリコン原子と同様，モデル化すれば図6.1（b）のように描けるであろう．なお，図（b）でも一応，原子核陽子15個のうち5個だけをクリアに示したが，これは太線で示した価電子5個とそれぞれペアになって電荷中性維持の役割を担っているものとして示してあり，価電子がどこかへ行った場合にクローズ

6.1 n 型 半 導 体

電子配置：$1s^2 2s^2 2p^6 3s^2 3p^3$

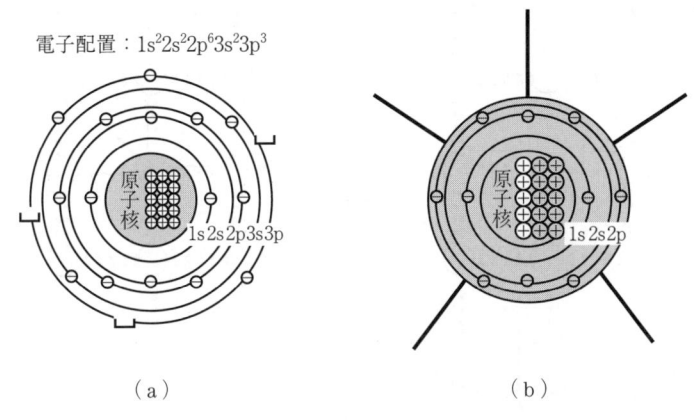

（a）　　　　　　　　（b）

図 6.1 リン原子の構造とそのモデル

アップされる可能性のあるもの（リンイオン（$P^{1\sim5+}$）の基となるプラス電荷）という意味である。当然のことながら図（b）に示した状態は，太線で示した価電子5個がすべて原子核近傍に存在しているので，これを外部から見れば電荷中性が満たされていることになる。

なお，リン以外の15族元素，すなわちヒ素（As）やアンチモン（Sb）などの場合もこれと同様に，5個の価電子およびそれとペアとなる5個のクリアな原子核陽子を描くことができる。最外殻である価電子の軌道は3s，3p から4s，4p あるいは5s，5p に変わるが，やはりその個数は5個であり，それより内殻の電子はすべて原子核陽子とペアを組んでおり，常時電荷中性を満たしているからである。

さて，リン原子がシリコン結晶に添加される場合を考えてみよう。価電子が5個あるので，外殻を8個の電子で取り囲み安定化させるには，共有結合を3個作り相手から電子をそれぞれ1個ずつ借りればよいのだが（例えば PH_3 などという分子はそれに対応する），残念ながらシリコン結晶内で活性化した不純物になるためには，本来シリコン原子が存在していた位置に置換して入らなければならない。図 6.2（a）に示すように，このような位置は周りのシリコン原子からそれぞれ1本ずつ，4本の価電子が待ち伏せしている状態になっているので，リン原子はやむを得ず，1本を残して，残りの4本を周りからの相

(a) (b)

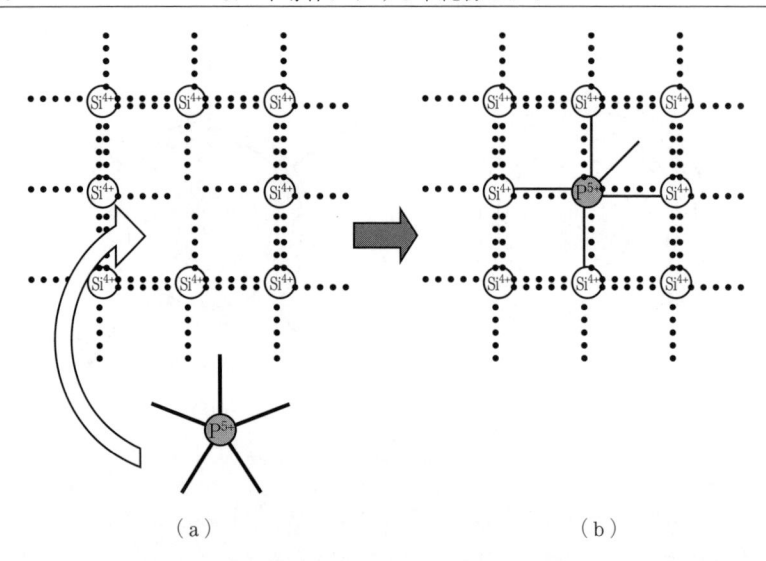

図 6.2 リン原子の活性化

手とそれぞれ共有させ，共有結合を組むことになるだろう（図6.2（b））。これらリン原子から出ている共有結合を組んだ4本の電子は，周りのシリコンから出ている共有結合電子，あるいはまたシリコン同士の共有結合電子と特にその状態に差はない。そこにシリコンがあった際の共有結合電子とまったく同じ状態と考えられる。一方，残った1本の価電子は，結合という観点では相手がおらず宙ぶらりんの状態にならざるを得ないが，相変わらずリン原子のそばに存在しているはずである。なぜなら，リン原子核内にはその電子とペアを組む陽子がおり，単原子のときと同様にこの陽子から引力を受けているからである。

　ここで，リン原子から出ている2種類の価電子，すなわち結合を組んでいるものと宙ぶらりんのものの違いについて考えてみよう。図6.3（a）に，この2種類だけを抜き出して示しているが，まずはこれらを，固体中を自由に動き回れる自由電子の状態にするための労力（必要なエネルギー）について考えてみる。電子Ⓐは共有結合を組んでいる電子であり，電子Ⓑは宙ぶらりんの電子である。いずれもリン原子に所属する価電子であり，ペアとなるリン原子核内

6.1 n 型 半 導 体

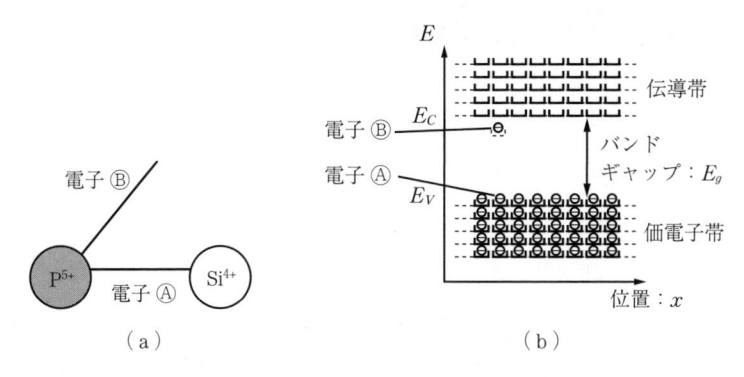

図 6.3 2 種類のリンの価電子とそのエネルギー

陽子によって引き付けられているが，結合を組んでいる電子Ⓐはシリコンに所属する電子と同様に結合性軌道に入ることによるエネルギーの安定化によって，さらにそのエネルギーが低下している．具体的には，周りにあるシリコンの価電子と同様に，図（b）に示したエネルギーバンド図において，図に示したように価電子帯内に存在していると考えられる．したがって，この電子がキャリヤ（自由電子）となるためには，他の価電子帯電子と同様に E_C まで上がる，すなわちバンドギャップ E_g なるエネルギーを与える必要があるだろう．けっきょくは，リン原子内陽子からの引力を振り切るとともに，結合を切るためのエネルギーを与えなければ，自由電子とはなれないはずである．そういう意味では，電子Ⓐは真性シリコンの価電子帯電子と何ら変わりがない．一方の電子Ⓑは，それが自由電子になるためには，リン原子核の陽子からの引力を振り切るだけでよく，E_g ほどのエネルギーは必要ないはずである．実際にそのエネルギー値は実験的に調べられており，シリコンの E_g が 1.1 eV なのに対して，0.045 eV と非常に小さくなることがわかっている．図 6.3（b）で考えれば，E_C に上がるために必要なエネルギーが 0.045 eV ということであるから，図（a）に示した電子Ⓑ，すなわち元々リン原子に拘束された状態では，図（b）に示したように E_C からちょうど 0.045 eV だけ下がったところの値のエネルギーを有して，存在しているはずである．

シリコン原子のみで構成された真性シリコンでは，ここは本来 E_g 中，すな

わち電子の座席が存在しない**禁制帯**とも呼ばれるエネルギー幅1.1 eVの領域であったが，シリコンにリンを添加することで，リンに所属する電子ⒷはちょうどE_C直下の禁制帯中のエネルギーを有して存在する。これは，リン原子核の存在によってそのエネルギー準位に電子の新しい座席ができ，そこに宙ぶらりんの電子Ⓑが入るともいえるだろう。

このように，不純物リンが添加されることによってE_C直下の禁制帯中にできる電子の座席のことを，**不純物準位**という。これは，仮に電子Ⓑがどこかへ消えうせたとしても常時存在する座席である。なぜならば，リン原子（イオン）内には，余分な電子を引き付けるための原子核陽子が依然として残っており，この近傍にそのような電子が近付いてきた場合には，そこに電子Ⓑとして収容可能だからである。また，このような座席（不純物準位）は当然，リン原子の個数だけできる。一般的な言葉でいえば，1 cm^{3}という単位体積当りのリン原子の個数（不純物密度）がそのまま，単位体積当りの不純物準位数，すなわち不純物準位密度になるだろう。実際には，1×10^{15} cm^{-3}以上程度のリン原子が不純物としてシリコン中に添加されることが多い。もちろん，絶対値としてその数値を見れば大きいが，5.3節で紹介したシリコンの原子密度（原子密度：5×10^{22} cm^{-3}）を考慮に入れれば，この場合，総原子数5 000万個中にリン原子が1個程度の割合，すなわち我が国総人口のうち2名程度が異なる星から来た宇宙人といった程度の不純物密度であり，不純物準位密度である。

さて，この不純物準位に電子Ⓑが入っている場合とそうでない場合の電荷の総数を考えてみよう。図6.3（b）に示したすべての電子，すなわち，電子Ⓐを含む価電子帯の全電子に加えて，電子Ⓑにも，すべてペアがいることに注意すべきである。真性状態に比べると電子Ⓑという新たな電子が増えているが，これは原子1個がリンに変わったことによりペアである原子核内陽子数も1個だけ増えていることで相殺される。したがって，不純物準位に電子Ⓑが入っている場合に電荷総数が±0，すなわち固体全体の電荷中性が保たれていることになる。一方，**図6.4**に示すように，不純物準位にいた電子がどこかへ行って，そこが空席になった場合には+1，具体的にはリン原子の1個の陽

6.1 n型半導体

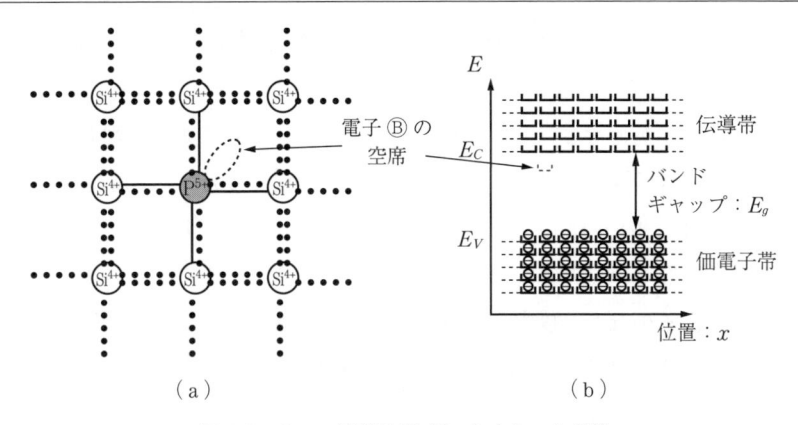

（a）

（b）

図6.4 リンの価電子Ⓑがいなくなった状態

子がクローズアップされ，リンイオン（P^{1+}）が出現することになる。真性シリコンの場合に見られた，電子が移動したらそこに残る空席がホールとしてプラス電荷を伴うのと同様の現象であるが，大きな違いはこのプラス電荷はホールとは異なり移動不可ということである。図6.4（a）に楕円形で示したものが電子Ⓑの空席であるが，①この空席に周りの結合電子が入り込めば，②新たに空席となったその結合電子の場所にほかの結合電子が順次移動し，結果として空席がプラス電荷を伴って移動するように，図（a）の構造図だけを見れば思える。しかしながら，これを図（b）のエネルギー図で考えると，①の過程が起こるためには周りの結合電子では役不足，すなわち，周りの結合電子は最大でも E_V のエネルギーしか持っておらず，大きなエネルギー値が必要とされる電子Ⓑの空席には入れないのである。①の空席に入り得る電子の可能性としては，異なるリン原子に所属する電子Ⓑがこのような大きなエネルギーを有するが，上述したように総原子数5000万個中にリン原子が1個程度の割合しかないことから，その物理的な距離は非常に遠く，このようなことが起こる可能性はきわめて低い。結果として電子Ⓑの空席は，プラス電荷を伴うものの移動は不可であり，キャリヤとはならない。

このような電荷のことを**空間電荷**と呼び，この電荷の由来はリン原子核内の1個の陽子，すなわちリンイオン（P^{1+}）であり，その場所を移動させること

はできず，リン原子に所属する電子 Ⓑ がそこから離れた場合に，その場所に限って出現する電荷である．なお図 6.4（b）は，図 5.10 と同様に電荷中性が破れて出現する電荷だけに限って描くことが多く，改めて両者を図 6.5 に示しておく．この図の不純物準位に表れている⊞は，動くことのできないプラス電荷という意味で用いられているが，改めて図（a）と比較すれば，不純物準位が空席状態になる→リンイオンが出現する，ということを表しているのがわかるであろう．そのほか，価電子帯はすべて電子で満たされており，伝導帯は電子がまったくない状態であることなどは，図 5.10 とまったく同様の描き方である．

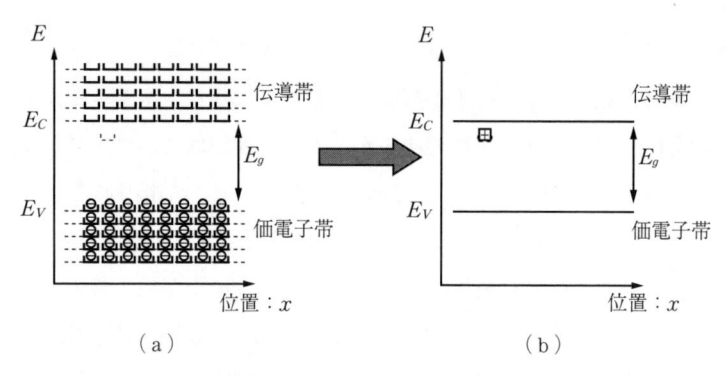

図 6.5　図 6.4（a）の別の表現

6.1.2　フェルミ準位の温度依存性 —— 極低温から低温の領域 ——

図 6.3，すなわちリン原子を不純物として導入した状態を基に，そのフェルミ準位がどの位置にくるか考えてみよう．3.1.3 項での絶対零度における電子の最高エネルギー準位，あるいは 4.3 節において再定義した電子の存在確率が座席数の 1/2 としたフェルミ準位 E_F は，図 6.3 では少なくとも電子 Ⓑ の存在位置よりもエネルギー的に上にあるはずである．実際この図では，電子は低いエネルギー準位から順序良く詰まっている状態であり，極低温の温度領域での様子を示したものと考えられる．ここで図 6.6（a）に改めてリンを導入したシリコンの極低温におけるエネルギーバンド図を示す．図 6.3 との違いは，

6.1 n型半導体

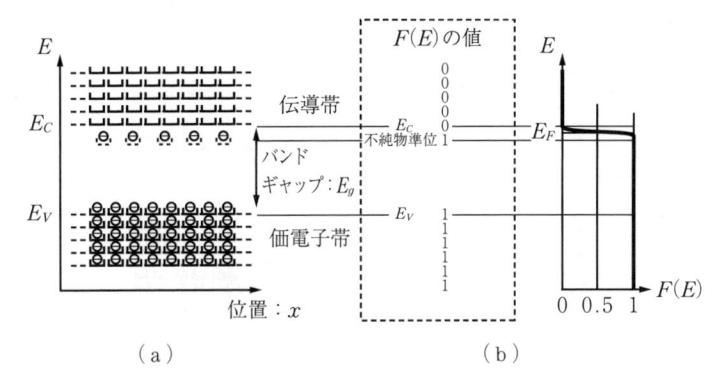

図6.6 リン添加シリコン（極低温）のエネルギーバンド図と
対応するフェルミ・ディラック分布関数

記載上リン原子の個数を増やしたことで，エネルギーバンド図にその分の不純物準位を書き加えてある（といってもまだ，リン原子は5個しか導入していないことになるが）。ただし実際，この図の範囲内に5個のリン原子があるとすれば，$1\times10^{15}\,\mathrm{cm}^{-3}$ の不純物密度を仮定したとき，シリコン原子は同じ範囲に2億5千万個存在することになる。したがって，価電子帯には $(4N/4N)$，すなわち電子によって満席状態となっている10億個の座席を記載しなければ正確な図にはならないし，同様に伝導帯には $(0/4N)$，すなわち10億個の空席を記載しなければならないことを記憶にとどめておいてほしい。

　さて，図中央の数値は $F(E)$ の値，すなわち各 E 値における電子の占有率（=電子数/座席数）を図（a）から転記したものであり，図（b）の右はこれらの数値を基に，極低温のフェルミ・ディラック分布関数をフィッティング（各数値に合うように，グラフをずらすこと）させたものである。電子の存在確率が座席数のちょうど1/2というフェルミ準位の位置は，必ずしも図（a）およびそれを踏まえた中央の数値には表れないが，このフィッティングによって，そのおおよその位置はわかるだろう。極低温のこの場合には，E_C と不純物準位の間にそれが存在していることがわかる。

　さて，この極低温状態からほんの少しだけ温度を上げ，低温状態になった場合の様子を，**図6.7** に示した構造図とバンド図を対比させながら考えてみよ

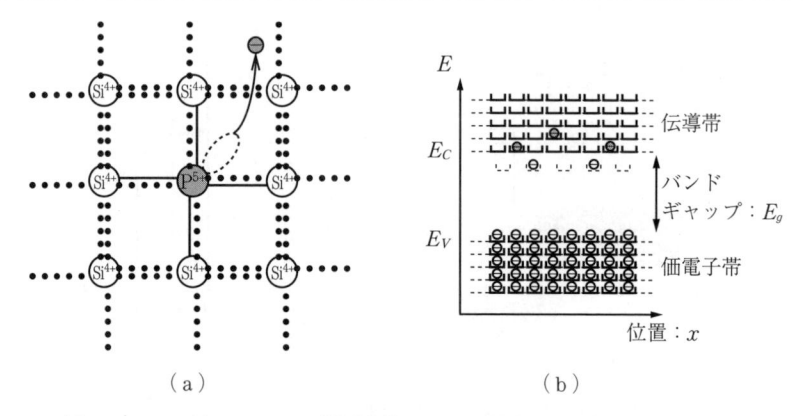

図 6.7 リン添加シリコンの低温状態における構造図とエネルギーバンド図

う。温度を上げればフェルミ・ディラック分布関数はどんどんなだらかな形状に変化していくが，これはけっきょく，熱エネルギーが与えられた結果として，下のエネルギー準位にあった電子が，少しずつ上のエネルギー準位へと励起していくことを表したものであった。実際に図 (b) のバンド図を見てみると，不純物準位にあった電子5個のうち3個が伝導帯に励起されている様子が示されている。不純物準位にある電子は，図 (a) の構造図では宙ぶらりんの電子であったから，これが5個あるうちの3個が自由に動き回れるような状態に変化したことになる。図中ではあたかもその位置を変えたように表現しているが，実際には必ずしも位置を変える必要はなく，その運動エネルギーだけが上がり，リン原子核陽子からの束縛エネルギーよりも大きなエネルギーを有する状態になればよい（詳しくは，5.2節の真性シリコン，および2.5節の地表上で第二宇宙速度を有する物体の話などを参照）。なお，本来図 (b) と対比させて考えるためには，図 (a) にリン原子を5個書き，そのうちの3個が励起状態，2個が宙ぶらりん状態のままとして記載する必要があるが，そのためには上述したようにシリコン原子を2億5000万個書かなければならない。そうしないと，リンの不純物準位同士が近くなりすぎて，そこの間を電子が移動するような誤解を与えるので，励起電子を生成した1個の不純物リン原子のみを示してある。遠く離れたところにある残り4個のリン原子を含めた全体の様

6.1 n型半導体

子は,読者の方々の頭の中で想像していただきたい。

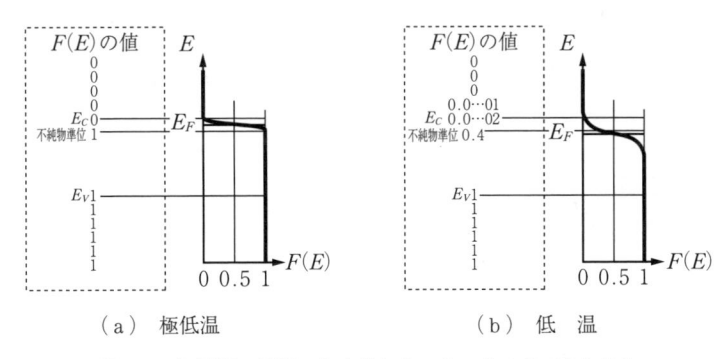

さて,極低温状態(図6.6)から低温状態(図6.7)へと変化したことによって,各エネルギーにおける$F(E)$値がどのように変化したかを**図6.8**に示しておく。図(b)の低温における各$F(E)$の値は,図6.7の様子をそのまま数値化したものである。不純物準位における$F(E)$値は(電子数/座席数)が$(2/5)$であるから0.4,E_C付近では1～2個の電子があるものの,座席数が非常に多いのでほぼ0とみなせる(一応図には,より正確を期するため0.0…01などと記載したが,0ではないが0にきわめて近い数という意味である)。これらの数値を基にフェルミ準位E_Fの位置を推定することになるが,元来,フェルミ・ディラック分布関数の形状は温度によって決まっており,極低温状態に熱エネルギーが加わり低温状態になれば,それは徐々になだらかな形状に変化していくが,E増加に伴う単調減少関数であることに変わりはない。これまで例示してきた図6.6～図6.8より,極低温状態における不純物準位での$F(E)$値が1であったのに対し,低温状態では0.4に変化していることから,$F(E)$値が0.5となるフェルミ準位E_Fの位置は,不純物準位よりも下に移動することがわかるであろう。

図6.8 極低温→低温へと変化したことによる各$F(E)$値とフェルミ・ディラック分布関数の変化

このように,リンなどを不純物として添加した半導体(n型半導体)では,真性半導体とは異なり,フェルミ準位E_Fの位置は温度によって変化する。けっきょくこれは,温度変化に伴って不純物準位での電子存在割合が大きく変

化することによる。極低温状態では励起電子割合（＝1－電子存在割合）が0であるためフェルミ準位E_Fの位置がE_C直下であったのに対し，多少温度が上がって不純物準位の励起電子割合がちょうど0.5になれば，その位置はちょうど不純物準位に重なり，さらに温度が上がるにつれてどんどん下がっていくのである。

6.1.3 フェルミ準位の温度依存性 —— 室温から高温の領域 ——

つぎに，我々の通常生活している状況，すなわち室温状態でのn型半導体の様子を考えてみよう。各種電子機器は通常，室温状態に置かれているのが一般的であり，その中で実際に動作しているこれらの半導体の様子を考えるということになろう。

図6.9にこの室温状態におけるリン添加シリコンのエネルギーバンド図を示す。価電子帯以上のエネルギーを持つ電子をすべて記した図（a）を見れば，図6.7（b）に示した低温状態からさらに熱エネルギーが加わっていることで，不純物準位にあった電子Ⓑがすべて伝導帯に励起されて（濃い色で示した電子）いることがわかるであろう。ここに構造図は併記していないが，このエネルギーバンド図の状態から考えると，すべてのリン原子が図6.7（a）に示したように電子Ⓑを自由電子として放出している状態と考えることができる。

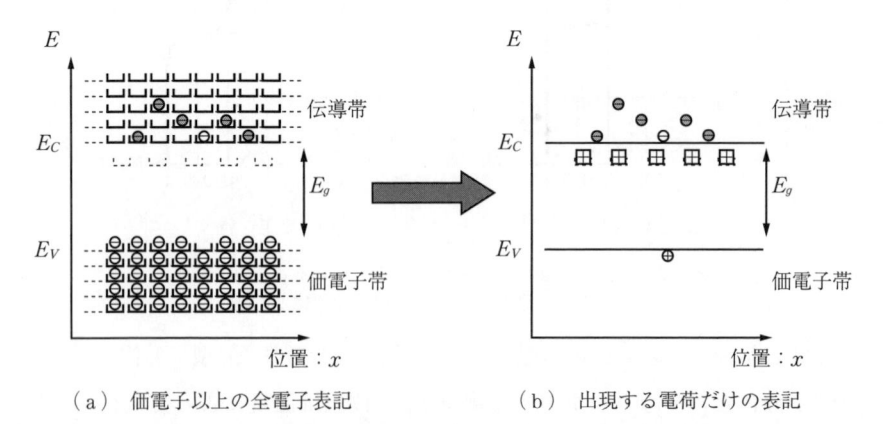

（a）価電子以上の全電子表記　　（b）出現する電荷だけの表記

図6.9　リン添加シリコンの室温状態でのエネルギーバンド図

6.1 n 型 半 導 体

また,室温状態ではこれに加えて,熱エネルギーが比較的大きいため,図(a)に示したようにほんの少しの価電子帯電子(白丸で示した電子)も伝導帯に上がっている。いわば結合電子のごく一部もキャリヤとなっていることがわかる。

この図より室温でのn型半導体の様子としていえることは

① 添加した不純物(リン原子)の個数(密度)だけの自由電子が生成されていること。

② ①の生成(励起)の結果,不純物準位に空席ができること。

それに加えて

③ ほんの一部の価電子帯内電子が伝導帯に励起され,自由電子が生成されていること。

④ ③の結果,価電子帯内に空席ができること。

である。①,③で生成される自由電子は,もちろんキャリヤとして電気伝導に寄与するが,室温における③による自由電子密度は①によるものに比べてきわめて小さいことが,図6.9を見ればわかるであろう。実際

$$①による自由電子密度 > 真性キャリヤ密度 > ③による自由電子密度 \tag{6.1}$$

となっている。また,②および④で生成される空席は,いずれも各自由電子とペアとなるプラス電荷を伴っているが,②は移動不可能な空間電荷,④は移動可能なホールであり,上記と同様

$$②による空間電荷密度 > 真性キャリヤ密度 > ④によるホール密度 \tag{6.2}$$

という関係にある。

さて,これらの関係,特に②,④のプラス電荷の生成の様子は図(a)ではすぐには思い浮かばないだろう。もちろん,各電子には必ずペアとなる原子核陽子がいるはずという前提に立ち返れば,電子励起によって残された空席には必ずプラス電荷が付随することになり,その存在は思い起こせるのだが,往々にしてそれらを忘れてしまうことがある。したがって,図6.5(b)にならって,図6.9でも図(b)のように,電荷中性が破れて出現する可能性のあ

る電荷だけに限って描くほうが，キャリヤや空間電荷などの存在に着目する限りわかりやすく，一般的に広く用いられている．もちろん，ここで描かれている○で囲まれた電荷は移動可能，□で囲まれた電荷は移動不可であり，前者だけがキャリヤ，すなわち電流の担い手となる．それでは，□で囲んだ不動の電荷の役割はといえば，それは9章以降で述べる，電磁気学に基づいたエネルギーバンドの曲がりに直結することになる．いずれにせよ，この範囲に描かれたプラスとマイナスの電荷総数は，この図の状況ではそれぞれ相殺して全体として中性になっており，伝導帯や価電子帯に存在するキャリヤが移動し，この範囲内から消えたときに限り，その電荷中性が崩れることになる．

さて，この室温状態におけるフェルミ準位 E_F の位置を，図6.9に基づいて考えてみよう．図6.6～図6.8と同様に，各 E における $F(E)$ 値を基に，さらになだらかになっている室温でのフェルミ・ディラック分布関数をフィッティングさせることで，フェルミ準位 E_F の位置を推定することになる．ここで，図6.9から（電子数/座席数）で表される $F(E)$ 値を見積もるためには，図(a)すなわち全電子を表記したバンド図を用いたほうがわかりやすいであろう．図(a)を再掲し，ここから得られる各 $F(E)$ 値，さらにその値をフィッティングした結果を**図6.10**に示す．ここで，伝導帯や価電子帯内の $F(E)$ 値は，ほぼ0と1と見積もられるが，伝導帯内 E_C 近傍と価電子帯内 E_V 近傍は

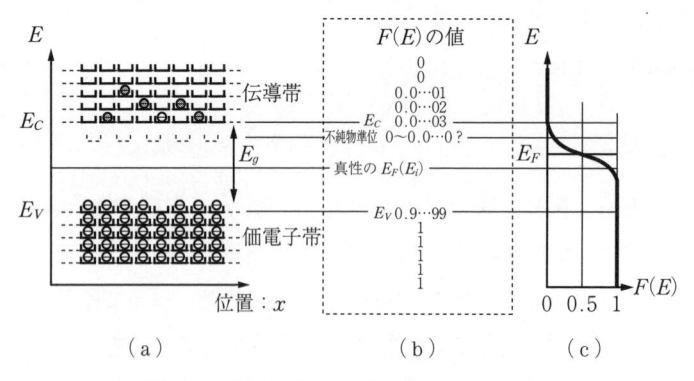

図6.10 リン添加シリコンの室温状態での各 $F(E)$ 値とフェルミ準位 E_F の位置

それぞれの値から若干のずれがあることを，中央に示した $F(E)$ 値に反映させている。また，不純物準位で $0 \sim 0.0 \cdots 0$? と記載されているそれは，単純に考えれば 0 となるが，一方で E_C 近傍での $F(E)$ 値よりも多少大きくしても問題は生じない。伝導帯中の電子の座席数に比べて，不純物準位における座席数は圧倒的に少ないので，(座席数)×$F(E)$ 値で示される電子の個数は不純物準位ではいずれにせよ〜 0 となるからである。したがって，フェルミ・ディラック分布関数が E 増加に伴う単調減少関数であることを踏まえれば，不純物準位での $F(E)$ 値は，E_C におけるその値より大きな値を有していると考えるべきである。

これらの結果から，室温状態でのフェルミ準位 E_F の位置は図（b）に示すように，図 6.8（b）に示した低温状態よりもさらに下がっていることがわかる。ちなみに，図中に示した「真性の E_F」というエネルギー位置は，5.3 節で示した真性シリコンのフェルミ準位であり，図 5.12 でも明らかなように温度によらずバンドギャップ E_g のちょうど真ん中に位置するエネルギー値である。このエネルギー値を，上記言葉をそのまま用いて**真性フェルミ準位**（E_i）と呼ぶが，これは，仮に E_C と E_V の線が曲がった場合には，それに追従して同様な形状に曲がる，いわば E_C と E_V のちょうど中間のエネルギー位置を意味するものとして使用される。ここで重要なことは，室温 n 型シリコンのフェルミ準位 E_F の位置はだいぶ下がってはくるものの，バンドギャップ E_g の真ん中である真性フェルミ準位：E_i までは達してはいないということである。

室温状態に置かれた n 型シリコンでは，すべての不純物原子と一部のシリコン原子からの電子が自由電子として伝導帯に励起されていたが，ここからさらに温度が上がり，高温状態になった場合の様子について引き続き考えてみる。具体的には，冷却能力が乏しいパソコン内部や，夏場の車のエンジンルーム内にそれが置かれた状態を想定していただきたい。200〜300℃といったところ（おおまかにいって 500〜600 K 程度）であろう。これまで極低温→低温→室温と話を進めてきた過程では，不純物準位にある電子を少しずつ伝導帯に励起し，室温ではそれに加えてほんの一部の価電子帯電子を伝導帯に励起させ

てきた。けっきょく室温では，全不純物準位電子を励起させてもまだ多少熱エネルギーが余っていたと解釈できるだろう。

このような観点を踏まえ，高温状態におけるリン添加n型シリコンのバンド図を**図6.11**に示す。これまでと同様に，図（a）は価電子以上のエネルギーを有する全電子を，図（b）は表現方法を変え，出現するキャリヤと空間電荷のみを示したものであり，両者とも同じ高温状態のn型シリコンを表したものである。図6.9に示した室温状態でのバンド図と比べれば，変わらないのは不純物準位にあった電子（濃い色で示した電子）がすべて伝導帯に励起していることであり，異なるのは伝導帯に存在する薄い色で示した電子がかなり増えているということである。後者の事象自体は，室温でも見られたものであるが，高温になりさらに大量の熱エネルギーが加わることにより，多数の価電子帯電子が伝導帯に励起されているのである。

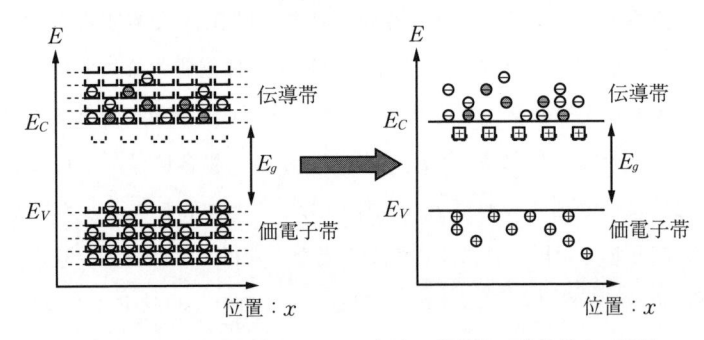

（a）価電子以上の全電子表記　　（b）出現する電荷だけの表記

図6.11 リン添加シリコンの高温状態でのエネルギーバンド図

この図より高温状態のn型半導体の様子としていえることを，室温状態のそれに合わせて列挙すれば

① 添加した不純物（リン原子）の個数（密度）だけの自由電子が生成されていること。

② ①の生成（励起）の結果，不純物準位に空席ができること。

それに加えて

③ 大量の価電子帯内電子が伝導帯に励起され，自由電子が生成されていること．

④ ③の結果，価電子帯内に多数の空席ができること．

となるであろう．このとき，①と③で生成される自由電子密度の大きさを比較すると，図からも明らかなように

①による自由電子密度 ＜ ③による自由電子密度　　　　　　　(6.3)

であり，②と④で生成される空席，すなわち図（b）に明示されるプラス電荷密度は

②による空間電荷密度 ＜ ④によるホール密度　　　　　　　(6.4)

という関係になっている．もちろん，この図の状況における各電子は，励起してエネルギー値が上がっただけで基本的にその物理的な存在位置を変えてはいないので，原子核陽子とのペアが保たれ電荷中性状態は維持されている（図（a）における，出現するプラスマイナスの電荷数を数えてみればわかる）．

さて，この図 6.11 に示したような高温状態において，フェルミ準位 E_F の位置がどのようになるかを考えてみる．図 6.10 と同様の手順，すなわち各 E 値における電子占有の割合を $F(E)$ として数値化し，それを高温状態でのフェルミ・ディラック分布関数の形状にフィッティングさせ，$F(E)$ 値が 0.5 となるところをフェルミ準位 E_F と定めるのである（**図 6.12**）．この結果求まった

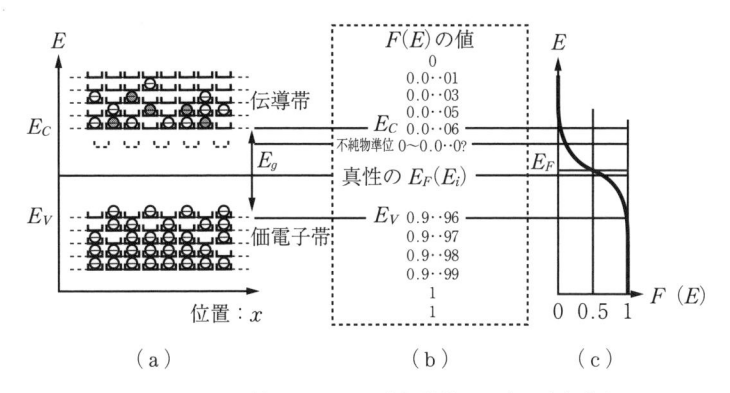

図 6.12　リン添加シリコンの高温状態での各 $F(E)$ 値とフェルミ準位 E_F の位置

フェルミ準位の位置は，図に示したようにほとんど真性フェルミ準位 E_i 付近，すなわちバンドギャップのほぼ真ん中の位置にまで下がってきていることがわかる。フェルミ準位がバンドギャップの真ん中にあるということは，すなわち，5章で議論してきた真性半導体と同等ということを意味する。言い換えれば，生成されたキャリヤは，その大部分が価電子帯から伝導帯へと励起した自由電子と，その結果空席となった価電子帯のホールということである。図 6.11 および式 (6.3)，(6.4) を再び見返せば，まさに上記の状態になっていることが明らかであろう。

なお，図 6.12 では一見，図 (a) の電子数/座席数の比率に比べて，図 (b) に示された伝導帯領域での $F(E)$ 値が小さすぎる，あるいは価電子帯領域では逆に大きすぎると思われる読者も少なからずおられると思う。実際に素直に図から判断すればそのとおりなのだが，これは著者が誤解を招く表現をし続けているためである。本章 6.1.2 項の最初に触れたように，本来伝導帯と価電子帯には，それぞれ 10 億個の座席を描かなければならず，伝導帯では多数の空席を，価電子帯では電子を伴った多数の座席を，それぞれその数になるまで書き加えたものが真の姿である。このような本来の姿を頭にイメージした上での電子数/座席数を $F(E)$ として中央に記載しているということを，改めて確認しておいてほしい。

高温状態の n 型シリコンの結論としていえることは，式 (6.3) に示されているように，導入した不純物によって生成される自由電子よりも，大きな熱エネルギーがもたらす価電子帯電子の伝導帯への励起によるキャリヤのほうがその数が圧倒的に多くなるということである。キャリヤである自由電子密度 n 〔cm^{-3}〕およびホール密度 p 〔cm^{-3}〕は

$n=$ ① による自由電子密度 ＋ ③ による自由電子密度　　　(6.5)

$p=$ ④ によるホール密度　　　(6.6)

と表されることは図 6.11 からも明らかであるが，③ による自由電子密度と ④ によるホール密度は，その由来からまったく同数なので，式 (6.3) を考慮すれば

$n \fallingdotseq p$　　（高温状態の n 型半導体）　　　(6.7)

すなわち,不純物がない真性シリコンとほぼ同様の状態になっているということである。実際にこのような状態になる「高温」とは,けっきょく,表5.1に示した真性キャリヤ密度 n_i が,導入した不純物密度よりも大きくなっている温度領域ということがいえるだろう。したがって,逆に不純物密度がそれぞれ異なる n 型半導体では,真性状態になる温度もそれぞれ変わってくるともいえることになる。実際に図 6.13 に示したのは,n 型シリコンの不純物密度の違いによる,各温度領域でのフェルミ準位の変化の様子である。不純物密度が小さいものは,温度がそれほど上がらなくても真性状態に達するが,不純物密度が大きくなると,真性状態に達する温度が高くなる様子が示されている。

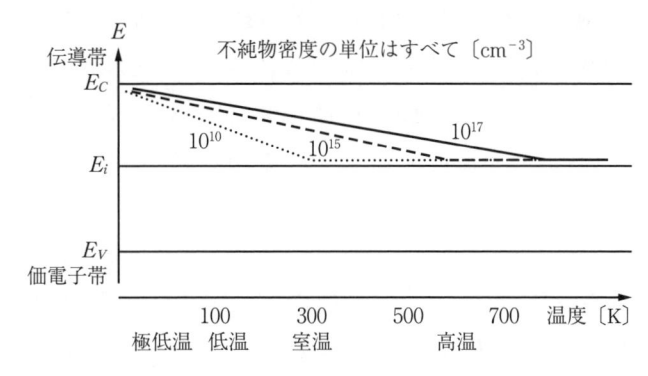

図 6.13 不純物密度の違いによる,各温度領域でのフェルミ準位の変化(n 型シリコン)

6.1.4 n 型半導体のまとめ

ここでこの節のまとめに入る前に,n 型半導体の電子励起に関して講義受講学生からよく受ける二つの質問について触れておこう。まず,一つ目の内容を記したものを図 6.14 に示す。具体的には,不純物準位→伝導帯,価電子帯→伝導帯の電子励起の様子はわかったが,価電子帯→不純物準位もあるはずだというコメントである。なるほど,確かに室温状態でも高温状態でも不純物準位は空席であり,例に挙げた高温状態の図(b)を見れば,価電子帯で熱エネルギーを得た電子は矢印に示したような不純物準位への電子励起も起こしそうである。一方,本章 6.1.2 項および図 6.7 において述べたように,電子励起はエ

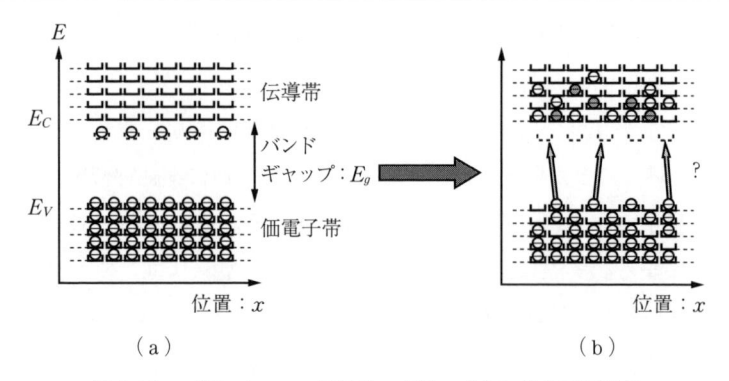

図6.14 n型シリコンの極低温→高温の変化に伴う電子励起

ネルギーが増えるだけで，基本的にはその物理的な位置を変えない。すなわち，励起元の電子位置のすぐ近くに励起後に座るべき空席がなくてはならない。そのような観点で実際の価電子帯電子の励起を考えると，5.3節でも述べたように，その確率は室温状態のシリコンで20兆個の価電子帯電子のうち1個，すなわち5兆個のシリコン原子のうち1個の価電子が励起する程度であり，約300℃（600 K）でも1 000万個のシリコン原子の集団の中から1個だけエネルギーの高い電子がわいてくる程度である。そのわいてきた励起電子のすぐそばに，原子総数が2億5千万個あれば，その中に1個だけ存在するリン原子（1×10^{15} cm^{-3} の不純物密度を仮定）の空席がある確率は…？と考えれば，おのずから答えは自明であろう。

二つ目の質問内容は，上記の説明をすると2～3回に1度程度，間髪を入れず飛んでくるものだが，「そうすると，もっともっと温度を上げて，例えばシリコン原子ごとに価電子を放出するような温度にすれば，不純物準位に励起することもあり得るんですね！」とたたみかけてくる講義受講学生のコメントである。こういう学生は，上記説明を十分に理解した上で，自分の頭で論理的に思考していることがうかがえるものであるが，残念ながら著者の答えは当該学生にとっては肩透かしで，「その前に溶けちゃうよ…」である。図6.15にそのような超高温でのイメージを書いてみた。なるほど，たくさんの価電子が励起して自由電子になっており，同数のホールも生成されているようだが，こう

なったときに結晶構造自体が維持されるかどうか，はなはだ疑問である．原子同士を結び付けている共有結合電子がどんどんなくなっていくのだから，原子がばらばらになるのは当たり前で，固体から液体への変化（溶融）が起こる間際の図とも解釈できそうである．実際シリコンの融点は1400℃程度であり，それを超えれば液体（**溶融シリコン**）となるが，溶融シリコンは電気伝導率がきわめて高く，その抵抗値は表4.1に示した水銀と

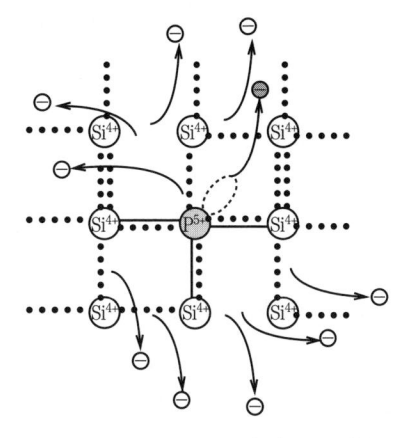

図6.15 n型シリコンの超高温での様子

同程度になることが知られている．固体状態の維持を担っている共有結合電子を多数励起し，自由電子とホールを生成することで，図6.15のように固体の維持と引換えに，金属と比較し得るキャリヤ密度が得られていると考えられる．

　さて，本題のまとめに移ろう．本節では，結晶シリコンに「制御された量のとある決まった物質」という意味での不純物15族元素を添加した，n型シリコンについて考えてきた．この不純物は，自由電子数を増加させるために導入されたものであり，当初の目的どおりnegativeキャリヤ（自由電子）を生成することが可能で，そのキャリヤ数は添加元素の個数にほぼ等しい．しかし，この結果が得られるのは室温近傍の温度領域であり，極低温あるいは高温領域では異なる振舞いをする．実際に人間が生活できる環境下では，本来の目的どおり導入した不純物とほぼ同数のキャリヤが生成されるが，そこから逸脱した場合，例えば，低温領域ではエネルギーが足りず，不純物準位から伝導帯までの小さなエネルギーといえども電子励起はあまり起きず，結果としてそれほどキャリヤは増えない．また，高温状態，すなわち，冷却が不十分なパソコン内部や，車のエンジンルームなどにそれが置かれた場合には，不純物導入の効果は打ち消され，ほぼ真性半導体として振る舞ってしまう．これらの温度依存性

は，フェルミ準位の動きとして促えることが可能であり，n型半導体の場合には，極低温でE_C近傍にあったものが温度上昇とともにE_i近傍まで徐々に下がってくることになるのである。

6.2　p型半導体

p型半導体とは，結晶シリコンにホウ素（B）やアルミニウム（Al）などの13族元素（旧名称：Ⅲ族元素）を不純物として添加したものである。n型半導体とは逆に，この場合はpositive（正の）キャリヤ，すなわちホールが増えることから**p型**と呼ばれる。もちろんここでの「不純物」という言葉も，食料品に用いられる場合とは異なり，その元素種だけでなく添加される量も厳密に制御されているものであり，いわゆる「制御された量のとある決まった物質」という意味である。また，これらの元素の添加によりホールを生成するには，n型の場合と同様，本来シリコン原子が存在した場所を置換して結晶内に組み込まれている，いわば活性化状態になっていることが前提条件である。

6.2.1　実際の構造とエネルギーバンド図との対比

p型半導体用不純物の例としてアルミニウム原子について考えてみる。アルミニウム原子（原子番号13）は，**図6.16**（a）に示すように，シリコンよりも原子番号が一つだけ小さい原子であり，原子核内陽子数および周りを回る電子数がシリコンに比べてそれぞれ1個ずつ少なくなるものの，それらは同数であり，外部から見れば総電荷数は±0，すなわち電荷中性の状態を保っている。13個の電子は$1s^2 2s^2 2p^6 3s^2 3p^1$という形でそれぞれの軌道に入っており，周りとの結合に使われる価電子は，3s軌道の電子2個と3p軌道の電子1個の合計3個となりモデル化すれば図6.16（b）のように描けるであろう。なお，図（b）では，原子核陽子13個のうち3個だけをクリアに示したが，これは太線で示した価電子3個とそれぞれペアになって電荷中性維持の役割を担っているものという意味であえて目立たせている。もし仮に，周りの価電子がどこかへ

電子配置：$1s^22s^22p^63s^23p^1$

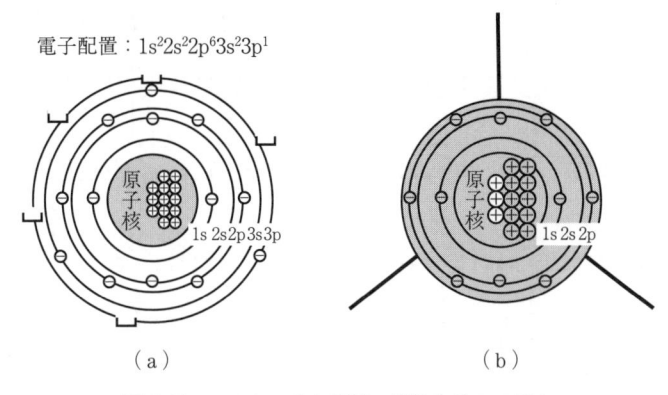

(a)　　　　　　　(b)

図6.16　アルミニウム原子の構造とそのモデル

行った場合には，これらクリアに示された陽子が，ペアとなるマイナス電荷を失ってクローズアップされる（アルミニウムイオン（$Al^{1～3+}$）の基となるプラス電荷）という意味である．もちろん，図（b）に示した状態は，太線で示した価電子3個がすべて原子核近傍に存在しているので，これを外部から見れば電荷中性が満たされており，中性原子として認識されることになる．

なお，13族元素としては，Al以外にホウ素（B）やガリウム（Ga）などがあり，それらの場合の価電子の軌道はそれぞれ2s, 2pあるいは4s, 4pに変わることになるが，モデル化すればこれらも同様に3個の価電子およびそれとペアとなる3個のクリアな原子核陽子を描くことができる．いずれの原子でも，3個の価電子以外の内殻にある電子は，常時原子核陽子とがっちりとペアを組んでおり，きわめて大きなエネルギーを与えるなどの例外的な場合を除けば原子から脱離することは考えられず，必ず電荷中性を満たしているからである．

さて，アルミニウム原子がシリコン結晶に添加され，それが活性化状態になっている場合を考えてみよう．具体的には結晶からシリコン原子を抜いて，その位置にアルミニウム原子を入れてやることにほかならない．**図6.17**（a）に示すように，このような位置は周りのシリコン原子からそれぞれ1本ずつ，4本の価電子が待ち伏せしている状態になっているので，3本の価電子を持つアルミニウム原子は，その3本すべてを周りからの相手とそれぞれ共有させ，

(a)　　　　　　　　　　　　(b)

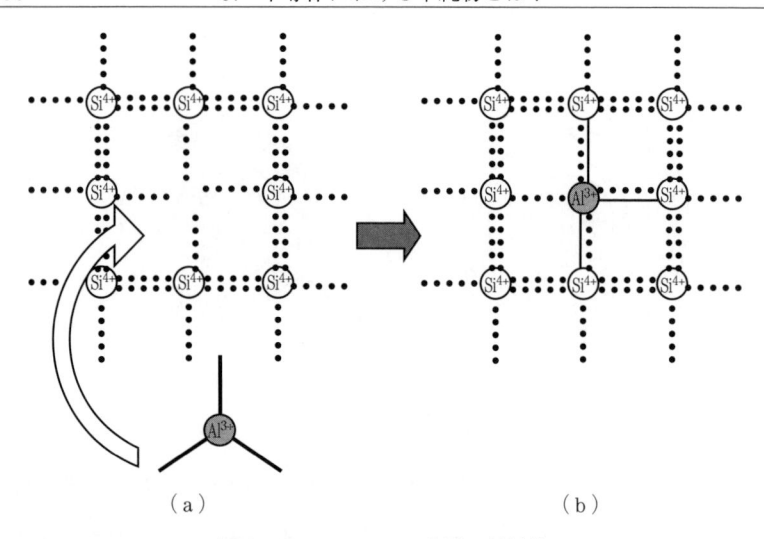

図6.17　アルミニウム原子の活性化

共有結合を組むことになるだろう（図6.17（b））。アルミニウムから出ているこれら3本の共有結合電子は，周りのシリコンから出ている共有結合電子，あるいはまたシリコン同士の共有結合電子と特にその状態に差はない。そこにシリコンがあった際の共有結合電子とまったく同じ状態と考えられる。一方，残った1箇所は，2本一組みでの共有結合という観点ではアルミニウム原子から差し出す電子がないため，不足した状態になっている。

　ここで，この結合電子が不足しているところについて考えてみる。2個の電子で原子間の共有結合が完成し結合が安定化するという意味では，この場所は明らかに電子の入る座席が用意されており，それが空席状態になっていることになる。図6.17（b）の左上部分にある4個の原子を抽出した図を**図6.18**（a）に示す。ここでは，空席を楕円の点線で示すとともに，最も左上のシリコン原子に属する4本の価電子を太い点線で区別して示しただけで，アルミニウム原子がシリコン結晶に活性化状態で入った図6.17（b）と変わらない。この状態を仮にⒶ状態と名づけよう。

　さて，このⒶ状態から図（b）のようなⒷ状態に変化する場合を考えてみよう。具体的には，左上のシリコン原子に属する価電子1個が，アルミニウム

6.2 p型半導体

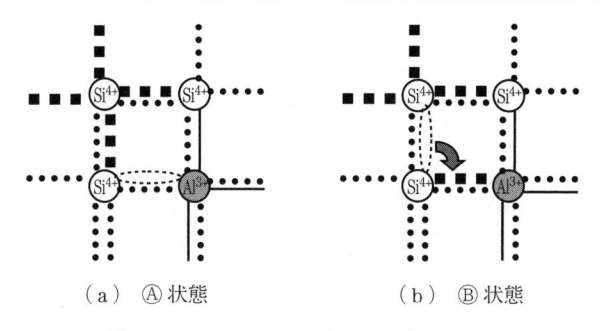

(a) Ⓐ状態 　　　　(b) Ⓑ状態

図6.18 アルミニウム近傍の2種類の空席

原子の作る空席に移動する場合である．構造的には，電子は何の問題もなく隣の空席に移動し，Ⓑ状態に移行できると錯覚する．しかし，Ⓐ，Ⓑそれぞれの状態における各原子の電荷数を考えてみると

Ⓐ状態：	左上のSi原子	陽子14個	電子14個
	Al原子	陽子13個	電子13個
Ⓑ状態：	左上のSi原子	陽子14個	電子13個
	Al原子	陽子13個	電子14個

となっており，Ⓐ状態では，二つの原子がどちらも電荷中性を保ち，安定な状態になっているのに対し，Ⓑ状態では，二つの原子ともに電荷中性が破れ，Ⓐ状態に比べて不安定になっていることがわかる．この事実が意味するところは，シリコン原子に所属する電子がアルミニウムによる空席に移動するためには，余分な労力（エネルギー）が必要であるということである．言い換えれば，シリコン原子に所属する電子が存在する座席のエネルギー値と，アルミニウムの添加によってできた空席状態の座席のエネルギー値が異なるということになる．

図6.19にこの様子を示す．Ⓐ状態では，結合電子による満席状態の価電子帯に加えて，アルミニウムによる空席状態の座席が価電子帯よりも上のエネルギーギャップ内に形成されている．Ⓑ状態になるためには，シリコン同士を結合させている価電子帯電子にエネルギーが与えられることが必要で，これでようやくアルミニウムの空席に入ることができるのである．なお，価電子帯上

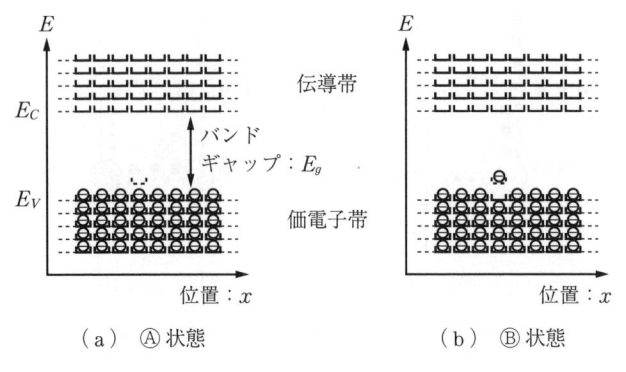

図 6.19 二つの状態のエネルギーの違い

端座席とアルミニウムの空席間のエネルギー差は実験的に調べられており，その値は 0.067 eV となっていることが知られている．

このように，アルミニウムを添加することによってバンドギャップ中に新たにできる座席も n 型と同様に不純物準位と呼ばれているが，n 型の場合は図 6.3 に示したようにこの座席には本来余った電子が入っていたのに対して，p 型の不純物準位は本来空席であり，構造図におけるアルミニウムに隣接した 1 個の空席に対応したものである．また，エネルギー図に示したこの不純物準位はこの場合も当然，アルミニウム原子の個数分だけできることになるが，これを一般的な言葉でいえば，単位体積当りのアルミニウム原子の個数（不純物密度）がそのまま単位体積当りの不純物準位数（不純物準位密度）になる．n 型と同様に，実際には 1×10^{15} cm^{-3} 以上程度のアルミニウム原子が不純物として添加されることが多い．もちろん絶対値としてその数値を見れば大きいが，ここでも 5.3 節で紹介したシリコンの原子密度（原子密度：5×10^{22} cm^{-3}）を考慮に入れれば，この場合総原子数 5 000 万個中にアルミニウム原子が 1 個程度の割合となり，我が国総人口の中に 2 名程度の異星人といった程度の不純物密度であり不純物準位密度である．

5 章の真性半導体のところで述べたように，価電子帯に空席ができるためには本来，電子がバンドギャップ分のエネルギーを与えられて満席の価電子帯から空席の伝導帯まで励起することが必要であった．すなわち，ホール生成には

必ず自由電子生成を伴っていたのだが，p型シリコンにおいて価電子帯に空席を作るためには，価電子帯電子にバンドギャップ分のエネルギー（1.1 eV）を与えなくても，ほんのちょっとのエネルギー（アルミニウム添加の場合0.067 eV）を与え，価電子帯電子を不純物由来の空席に励起させてやればよい。その結果，価電子帯に空席ができ，周りの価電子帯電子がつぎつぎに移動することで，その空席が動いていくことになる。このときその空席は，必ず1個のプラス電荷を伴ったホールであることは，前章図5.5～図5.8のE_Vのエネルギーレベルにおける移動と同様に考えることができ，これは，本来存在すべき価電子がないことによる，シリコン原子核陽子がそのプラス電荷の源であった。一方のアルミニウムの空席には励起された電子が入ってきていたが，これはアルミニウム原子の電荷中性を維持するという観点では招かれざる客であるものの，大きなエネルギーを持っているため，やむを得ず結合に組み込んでやった電子であった。

　ここで，これらの価電子帯の空席，および不純物準位（アルミニウムによる空席）に入った電子のその後について考えてみる。いったん励起されて不純物準位に入った電子でも，物理的に近い位置に価電子帯空席が残っていれば，そこに戻ることは可能であろう。しかし，その価電子帯空席が近くになければ，すなわちその空席が他の価電子帯電子で埋められてしまい，結果としてその空席がホールとしてどこかへ移動してしまったら，励起されて不純物準位に入った電子がいくら招かれざる客であっても，戻るべき空席がなく，そこに存在し続けなければならない。すなわち，アルミニウムの電荷中性を破ってそこにとどまり続けることしかできない電荷ということになってしまう。

　上記の様子を**図6.20**（a）に示す。価電子帯空席は，他の価電子帯電子の移動によって，本来の位置から遠ざかってしまっている。その結果，不純物準位に励起した電子は，近隣に空席がなく，戻る場所がなくなっている様子である。一方これを，出現する電荷という観点で見てみよう。価電子帯の空席は，シリコン同士の結合電子の欠損であり，この空席の存在は，その場所のシリコン原子核の陽子1個を必ずクローズアップさせる。もちろんこの空席は，隣の

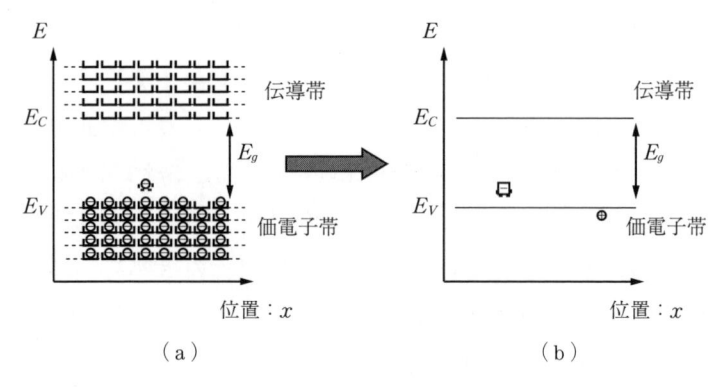

図 6.20 ホールの移動と不純物準位の電子

価電子がつぎつぎと入り込むことでシリコン結晶内を動き回ることができるので，プラス電荷を持ったホールとなるだろう。一方，不純物準位にある電子は，アルミニウムの電荷中性を破って存在しているものであり，周りに移動し得る空席がない以上，そこにマイナス電荷としてとどまらざるを得ない，いわゆる動けない電荷である。また，価電子帯内にある多数の電子のすべては，固体内原子の陽子と完全に釣り合った状態にあるので，電荷として出現することはない。これらを踏まえ，出現する電荷だけをピックアップすれば，図 6.20（b）のようになるであろう。

不純物準位に示された ⊖ は，上述したように動けない電荷であり，n 型の場合と同様，**空間電荷**と呼ばれる。この電荷の由来は，中性であるアルミニウム原子に 1 個の電子が加わった，いわゆるアルミニウムマイナスイオン（Al^{1-}）であり，価電子帯にあるホールがそこから離れた場合にその場所に限って出現する電荷である。p 型半導体とはけっきょく，本来 ±0，すなわち電荷中性であったものからキャリヤとしてプラス電荷を有するホールのみを生成するために，マイナス電荷を動き得ない空間電荷として，その場所に残していくものであると考えることができるだろう。

6.2.2 フェルミ準位の温度依存性 —— 極低温から低温の領域 ——

図 6.19（a），すなわちアルミニウム原子を不純物として導入した直後の状

態(Ⓐ状態)を基に,そのフェルミ準位がどの位置にくるか考えてみよう。これまで 3.1.3 項,あるいはその概念の拡張版である 4.3 節で述べたフェルミ準位 E_F は,図 6.19(a)では少なくとも不純物準位よりもエネルギー的に下に来るはずである。実際この図では,電子は低いエネルギー準位から順序良く詰まっており,どれもまったく励起されていない状態であり,極低温の温度領域での様子を示したものと考えられる。ここで図 6.21(a)に改めて不純物であるアルミニウム原子が活性化状態で導入されたシリコン結晶の極低温におけるエネルギーバンド図を示す。図 6.19(a)との違いは,記載上アルミニウム原子の個数を増やしたことで,エネルギーバンド図にその数分の不純物準位を書き加えてある(といってもまだ,アルミニウム原子は 5 個しか導入していないことになるが)。ただし実際,この図の範囲内に 5 個のアルミニウム原子があるとすれば,$1\times10^{15}\,\mathrm{cm}^{-3}$ の不純物密度を仮定したとき,シリコン原子は同じ範囲に 2 億 5 千万個存在することになる。したがって,価電子帯には($4N/4N$),すなわち電子によって満席状態となっている 10 億個の座席を記載しなければ正確な図にはならないし,同様に伝導帯には($0/4N$),すなわち 10 億個の空席を記載しなければならないことは,前節とまったく同様である。

さて,6.1 節の n 型の場合と同様に,図(b)の数値は $F(E)$ の値,すなわち各 E 値における電子の占有率(=電子数/座席数)を図(a)から転記した

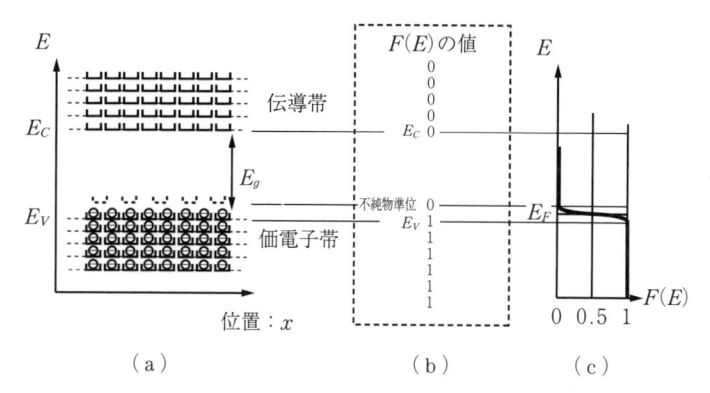

図 6.21 アルミニウム添加シリコン(極低温)のエネルギーバンド図とフェルミ・ディラック分布関数

ものであり，図 (c) はこれらの数値を基に，極低温のフェルミ・ディラック分布関数をフィッティングさせたものである．電子の存在確率が座席数のちょうど 1/2 というフェルミ準位の位置は，図 (a) およびそれを踏まえた図 (b) の数値に明示的には表れないが，このフィッティングによって明らかになる．極低温の p 型半導体の場合のフェルミ準位は，不純物準位と E_V の間に存在していることがわかる．

さて，この極低温状態からほんの少しだけ温度を上げ，低温状態になった場合の様子を，**図 6.22** に示した構造図とエネルギーバンド図を対比させながら考えてみよう．温度を上げればフェルミ・ディラック分布関数はどんどんなだらかな形状に変化していくが，これはけっきょく，熱エネルギーが与えられた結果として，下のエネルギー準位にあった電子が，少しずつ上のエネルギー準位へと励起していくことを表したものであった．実際に図 (b) のバンド図を見てみると，不純物準位の 5 個の空席のうち 3 個が，価電子帯から励起した電子によって埋められている様子が示されている．不純物準位は本来，図 (a) の構造図ではアルミニウムに隣接した空席であったが，ここにシリコン原子間の結合電子がエネルギーを与えられて入り込むことを意味する．図 6.18 における Ⓐ 状態から Ⓑ 状態への変化そのものである．なお，図 (b) と対比させて考えるためには本来，図 (a) にアルミニウム原子を 5 個書き，各隣接した

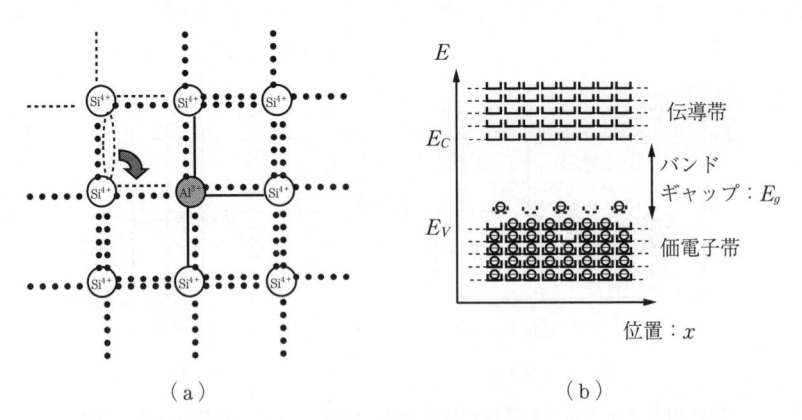

図 6.22 アルミ添加シリコンの低温状態における構造図とエネルギーバンド図

6.2 p型半導体

5個の空席のうちの3個に電子が入り，2個は空席状態のままとして記載する必要があるが，そのためには上述したようにシリコン原子を2億5000万個書かなければならないので，空席が埋められた不純物アルミニウム原子1個のみを示してある。遠く離れたところにある残り4個のアルミニウム原子を含めた全体の様子は，前節同様，読者の方々の頭の中で想像していただきたい。

さて，極低温状態（図6.21）から低温状態（図6.22）へと変化したことによって，価電子帯には空席が3個でき，これがホールとなりキャリヤとして振る舞えることになるが，このとき，各エネルギーにおける $F(E)$ 値がどのように変化するかを**図6.23**に示しておく。図（b）に示した低温における各 $F(E)$ の値は，図6.22の様子をそのまま数値化したものである。不純物準位における $F(E)$ 値は（電子数/座席数）が（3/5）であるから0.6，E_V 付近では1〜2個の空席があるものの，座席数が非常に多いのでほぼ1とみなせる（一応図には，より正確を期するため0.9…99などと記載したが，1ではないが1にきわめて近い数という意味である）。これらの数値を基にフェルミ準位 E_F の位置を推定することになるが，元来，フェルミ・ディラック分布関数の形状は温度によって決まっており，極低温状態に熱エネルギーが加わり低温状態になれば，それは徐々になだらかな形状に変化していくが，E 増加に伴う単調減少関数であることに変わりはない。これまで例示してきた図6.21〜図6.23より，極低温状態における不純物準位での $F(E)$ 値が0であったのに対し，低温状態

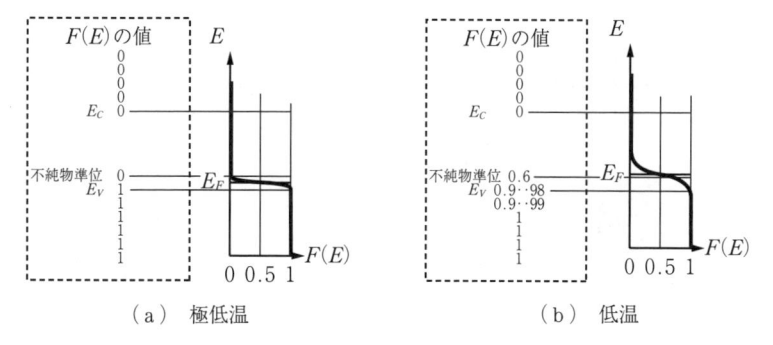

（a）極低温　　　　　　　　　　（b）低温

図6.23　極低温→低温へと変化したことによる各 $F(E)$ 値とフェルミ・ディラック分布関数の変化

では0.6に変化していることから，$F(E)$値が0.5となるフェルミ準位E_Fの位置は，不純物準位よりも上に移動することがわかるであろう。

このようにp型半導体もn型半導体同様，真性半導体とは異なり，フェルミ準位E_Fの位置は温度によって変化する。けっきょくこれは，温度変化に伴って不純物準位での電子存在割合が大きく変化することによる。極低温状態では励起電子割合が0であるため，フェルミ準位E_Fの位置がE_V直上であったのに対し，多少温度が上がって価電子帯から不純物準位に励起する電子数が不純物準位数のちょうど半分になれば，その位置はちょうど不純物準位に重なり，さらに温度が上がるにつれてどんどん上がっていくのである。

6.2.3　フェルミ準位の温度依存性 —— 室温から高温の領域 ——

つぎに，我々が通常生活している室温状態でのp型半導体の様子を考えてみよう。我々が実際に使う状況での各種電子機器内の半導体の様子を考える，ということである。

図6.24に，この室温状態におけるアルミニウム添加シリコンのエネルギーバンド図を示す。価電子帯以上のエネルギーを持つ電子をすべて記した図（a）を見れば，図6.22（b）に示した低温状態からさらに熱エネルギーが加わっていることで，不純物準位はすべて価電子帯電子の励起によって占められていることがわかるであろう。ここに構造図は併記していないが，このエネルギーバ

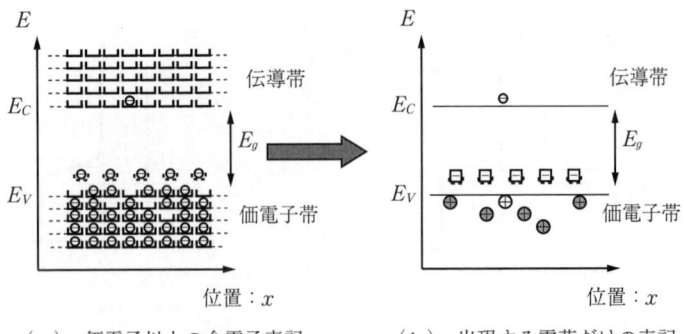

（a）　価電子以上の全電子表記　　　（b）　出現する電荷だけの表記

図6.24　アルミニウム添加シリコンの室温状態でのエネルギーバンド図

ンド図の状態から考えると，すべてのアルミニウム原子が図6.22（a）に示したようなⒷ状態，すなわちマイナスイオン化している状態となっており，そのイオン数と等しい数の空席が，シリコン間結合に生じていると考えることができる。図（a）では価電子帯での空席数が一つだけ多いが，これは室温状態では熱エネルギーが比較的大きいため，直接伝導帯に上がっていってしまった価電子帯電子も若干存在していることを意味している。

この図より室温でのp型半導体の様子としていえることは
① 添加した不純物（アルミニウム原子）の個数（密度）だけ価電子帯内に空席が生成されていること。
② ①の生成は，価電子帯から不純物準位への電子の励起に由来していること。それに加えて
③ ほんの一部の価電子帯内電子が伝導帯に励起され，価電子帯に空席が生成されていること。
④ ③の結果，伝導帯内に自由電子ができること。

である。①，③で生成される空席は，もちろんキャリヤであるホールとして電気伝導に寄与するが，室温における③によるホール密度は，①によるものに比べてきわめて小さいことが，図6.24を見ればわかるであろう。実際には

$$①によるホール密度 > 真性キャリヤ密度 > ③によるホール密度 \tag{6.8}$$

となっている。また，②および④で示した電子はいずれも各ホールとペアをなしているが，②は移動不可能な空間電荷，④は移動可能な自由電子であり，上記と同様

$$②による空間電荷密度 > 真性キャリヤ密度 > ④による自由電子密度 \tag{6.9}$$

という関係にある。

さて，これらの関係から，出現する電荷だけをピックアップしてみよう。具体的には図6.24（b）に示したが，このように描くほうが，キャリヤや空間電荷などの存在に着目する限りわかりやすく，一般的に広く用いられている。も

ちろんここでも，〇で囲まれた電荷は移動可能，□で囲まれた電荷は移動不可であり，前者だけがキャリヤ，すなわち電流の担い手となる。なお，価電子帯に描かれたホールは，①によるものを濃い色で，③によるものを白丸で示してある。これらを含め，この範囲に描かれたプラスとマイナスの電荷総数は，この図の状況ではそれぞれ相殺して全体として中性になっており，p型半導体はキャリヤとしてホールが圧倒的に多いが，全体として電荷中性になっていることがわかるだろう。伝導帯や価電子帯に存在するキャリヤが移動し，この範囲内から消えたときに限り，その電荷中性が崩れることになる。

さて，この室温状態におけるフェルミ準位 E_F の位置を，図 6.24 に基づいて考えてみよう。図 6.21 ～ 図 6.23 と同様に，各 E における $F(E)$ 値を基に，さらになだらかになっている室温でのフェルミ・ディラック分布関数をフィッティングさせることで，フェルミ準位 E_F の位置を推定することになる。ここで，図 6.24 から（電子数/座席数）で表される $F(E)$ 値を見積もるためには，図 (a) すなわち全電子を表記したバンド図を用いたほうがわかりやすいであろう。図 (a) を再掲し，ここから得られる各 $F(E)$ 値，さらにその値をフィッティングした結果を**図 6.25** に示す。ここで，伝導帯や価電子帯内の $F(E)$ 値は，ほぼ 0 と 1 と見積もられるが，伝導帯内 E_C 近傍と価電子帯内 E_V 近傍はそれぞれの値から若干のずれがあることを，中央に示した $F(E)$ 値に反映させ

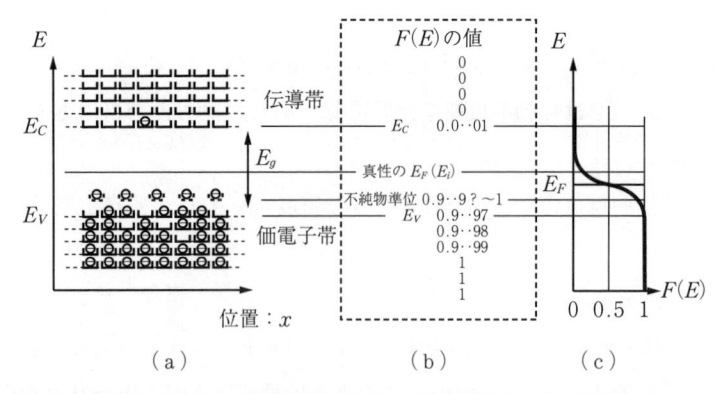

図 6.25 アルミニウム添加シリコンの室温状態での各 $F(E)$ 値とフェルミ準位 E_F の位置

ている。また，不純物準位で 0.9…9？〜1 と記載されているそれは，図（a）から単純に考えれば1となるが，一方で $F(E)$ が E に対する単調減少関数との前提を踏まえ，E_V 近傍での $F(E)$ 値よりも多少小さくしても問題は生じない。価電子帯の電子の座席数に比べて，不純物準位における座席数は圧倒的に少ないので，（座席数）×$F(E)$ 値で示される電子の個数は不純物準位ではいずれにせよ，ほぼ不純物準位数と一致するからである。

　これらの結果から，室温状態でのフェルミ準位 E_F の位置は図（b）に示すように，図6.23（b）に示した低温状態よりもさらに上がっていることがわかる。ただし，その位置はだいぶ上がってはいくものの，バンドギャップ E_g の真ん中である真性フェルミ準位：E_i までは達してはいない。

　室温状態に置かれたp型シリコンでは，すべての不純物準位とほんの一部の伝導帯へ，価電子帯から電子が励起され，価電子帯にはその数分のホールが生成されていたが，ここからさらに温度が上がり，高温状態になった場合の様子について引き続き考えてみる。具体的状況としては，n型のところで言及した以外にも，大気圏外を飛ぶ人工衛星やロケットが太陽光を直接浴びる面付近などに制御用半導体が置かれた場合などが考えられるだろう。100℃以上，場合によっては 200〜300℃ といったところ（500〜600 K 程度）であろう。これまで極低温→低温→室温と話を進めてきた過程では，不純物準位に少しずつ価電子帯電子が励起し，室温ではそれに加えてほんの一部が伝導帯にも励起され，価電子帯にホールを作ってきた。けっきょく室温では，全不純物準位に価電子帯電子を励起させてもまだ多少熱エネルギーが余っていたと解釈できるだろう。

　このような観点を踏まえ，高温状態におけるアルミニウム添加p型シリコンのバンド図を**図 6.26** に示す。これまでと同様に，図（a）は価電子以上のエネルギーを有する全電子を，図（b）は出現するキャリヤと空間電荷のみを示したものであり，両者とも同じ高温状態のp型シリコンを，表現方法を変えて表したものである。図6.24 に示した室温状態でのバンド図と比べれば，変わらないのは不純物準位が電子によって満席になっていることであり，異なる

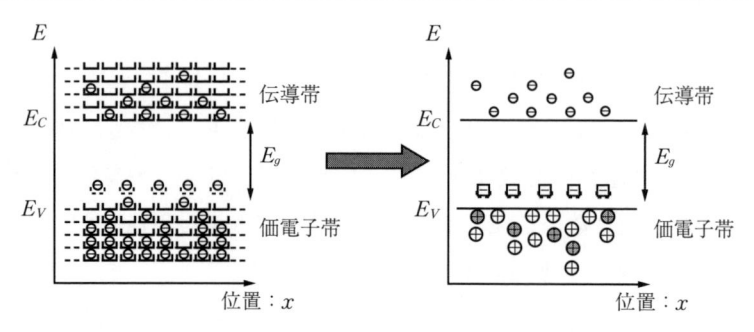

```
          E                                    E
          │  ┌┐┌┐┌┐┌┐┌┐┌┐┌┐                    │   ⊖ ⊖ ⊖ ⊖ ⊖ ⊖
          │  └┘└┘└┘└┘└┘└┘└┘  伝導帯              │                  伝導帯
       E_C├  ┌┐┌┐┌┐┌┐┌┐┌┐┌┐              E_C ├─────────────────
          │  └┘└┘└┘└┘└┘└┘└┘  ↕ E_g              │                  ↕ E_g
          │   ⊖ ⊖ ⊖ ⊖ ⊖                         │   ▭ ▭ ▭ ▭ ▭
       E_V├  ┌┐┌┐┌┐┌┐┌┐┌┐┌┐              E_V ├─────────────────
          │  └┘└┘└┘└┘└┘└┘└┘  価電子帯            │   ⊕ ⊕ ⊕ ⊕ ⊕      価電子帯
          │  ┌┐┌┐┌┐┌┐┌┐┌┐┌┐                    │      ⊕ ⊕
          │  └┘└┘└┘└┘└┘└┘└┘                    │
          └──────────────── 位置：x            └──────────────── 位置：x
           （a） 価電子以上の全電子表記          （b） 出現する電荷だけの表記
```

図 6.26 アルミニウム添加シリコンの高温状態でのエネルギーバンド図

のは価電子帯に存在する空席数，図（b）で表せば薄い色で示したホールがかなり増えているということである．後者の事象自体は，室温でも見られたものであるが，高温になりさらに大量の熱エネルギーが加わることにより，多数の価電子帯電子が励起され，そこに空席ができるのである．ただし，直上の不純物準位はすでに満席であるから，それらの励起先は座席のある伝導帯にならざるを得ない．

この図より高温状態のp型半導体の様子としていえることを，室温状態のそれに合わせて列挙すれば

① 添加した不純物（アルミニウム原子）の個数（密度）だけ価電子帯内に空席が生成されていること．

② ①の生成は，価電子帯から不純物準位への電子の励起に由来していること．

それに加えて

③ 大量の価電子帯内電子が伝導帯に励起され，価電子帯に空席が生成されていること．

④ ③の結果，伝導帯内に多数の自由電子ができること．

となるであろう．①，③で生成される空席は，もちろんキャリヤであるホールとして電気伝導に寄与するが，室温に比べて大きな違いは，図（b）からも明らかなように

①によるホール密度 ＜ ③によるホール密度   (6.10)

であり，また②および④で示した電子はいずれも①，③の各ホールとペアをなしており，②は移動不可能な空間電荷，④は移動可能な自由電子であるから，上記と同様

②による空間電荷密度 ＜ ④による自由電子密度   (6.11)

という関係になっている。もちろん，この図の状況における空席と，それをもたらした励起電子の物理的な位置 (x) は，おおむねその位置を変えておらず，電子のエネルギー値が上がっただけなので，局所的にも，全体としても，電荷中性状態は維持されている（図(b)における，出現するプラスマイナスの電荷数を数えてみればわかる）。

さて，この図6.26に示したような高温状態において，フェルミ準位 E_F の位置がどのようになるかを考えてみる。これまでと同様の手順，すなわち各 E 値における電子占有の割合を $F(E)$ として数値化し，それを高温状態でのフェルミ・ディラック分布関数の形状にフィッティングさせ，$F(E)$ 値が0.5となるところをフェルミ準位 E_F と定めるのである（**図6.27**）。この結果，求まったフェルミ準位の位置は，図に示したようにほとんど真性フェルミ準位 E_i 付近，すなわちバンドギャップのほぼ真ん中の位置にまで上がってきていることがわかる。フェルミ準位がバンドギャップの真ん中にあるということは，すな

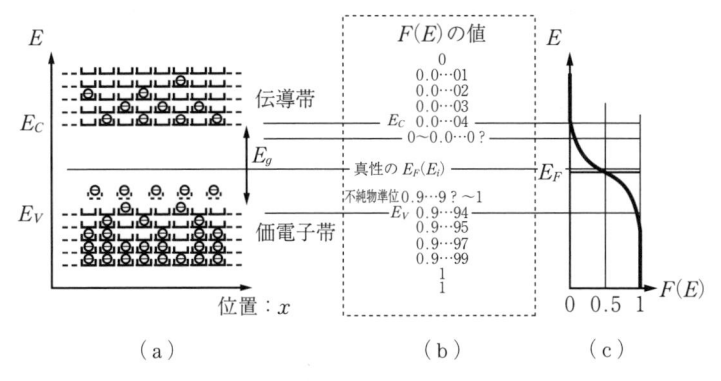

図 6.27　アルミニウム添加シリコンの高温状態での各 $F(E)$ 値と
　　　　　フェルミ準位 E_F の位置

わち，5章で議論してきた真性半導体と同等ということを意味する。言い換えれば，生成されたキャリヤは，その大部分が価電子帯内の空席であるホールと，その空席の大半を作り出す原因となった価電子帯から伝導帯へ励起した自由電子ということである。図6.26および式 (6.10), (6.11) を再び見返せば，まさに上記の状態になっていることが明らかであろう。

なお，図6.27では一見，図 (a) の電子数/座席数の比率に比べて，図 (b) に示された価電子帯領域での $F(E)$ 値が大きすぎる，あるいは伝導帯領域では逆に小さすぎると思われる読者も少なからずおられると思う。さらに付け加えるならば，電子の存在を見る限り E_V 付近での $F(E)$ 値よりも E_C 付近でのそれのほうが大きくなっており，$F(E)$ が単調現象関数であることと矛盾していると思われるだろう。実際，素直に図から判断すればそのとおりなのだが，これもn型高温状態（図6.12）と同様，著者が誤解を招く表現をし続けているためである。6.2.2項最初に触れたように，本来価電子帯と伝導帯には，それぞれ10億個の座席を描かなければならず，価電子帯では電子の存在する多数の座席を，伝導帯では多数の空席を，それぞれその数になるまで書き加えたものが真の姿である。このような本来の姿を頭にイメージした上での電子数/座席数を $F(E)$ として中央に記載しているということを，改めて確認しておいてほしい。

ホール生成のために，元素種類およびその数を厳密に制御した不純物がドープされたp型シリコンであっても，それが高温状態になると，式 (6.10) に示されているように，導入した不純物によって生成されるホールよりも，大きな熱エネルギーがもたらす価電子帯電子の伝導帯への励起によるキャリヤのほうがその数が圧倒的に多くなる。キャリヤであるホール密度 (p〔cm^{-3}〕) および自由電子密度 (n〔cm^{-3}〕) は

$p=$ ①によるホール密度 ＋ ③によるホール密度　　　　(6.12)

$n=$ ④による自由電子密度　　　　　　　　　　　　　(6.13)

と表されることは図6.26からも明らかであるが，③によるホール密度と④による自由電子密度はその由来からまったく同数なので，式 (6.10) を考慮す

れば

$$n \fallingdotseq p \quad (\text{高温状態の p 型半導体}) \tag{6.14}$$

すなわち，不純物がない真性シリコンとほぼ同様の状態になっているということになる。実際にこのような状態になる「高温」とはn型半導体と同様，表5.1に示した真性キャリヤ密度 n_i が，導入した不純物密度よりも大きくなっている温度領域ということがいえるだろう。したがって逆に，不純物密度がそれぞれ異なるp型半導体では，真性状態になる温度もそれぞれ変わってくるともいえる。実際に**図 6.28** に示したのは，p型シリコンの不純物密度の違いによる，各温度領域でのフェルミ準位の変化の様子である。不純物密度が小さいものは，温度がそれほど上がらなくても真性状態に達するが，不純物密度が大きくなると，真性状態に達する温度が高くなる様子が示されている。

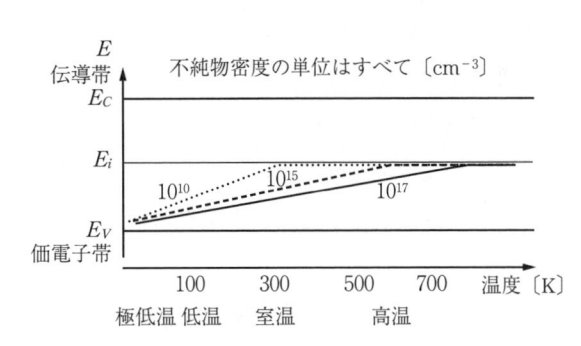

図 6.28 不純物密度の違いによる各温度領域でのフェルミ準位の変化（p型シリコン）

6.2.4　p型半導体のまとめ

一つの電子が結合からあぶれるn型に比べると，一つの空席があるp型の考え方は難しい。そもそも価電子帯の空席をして「プラス電荷を有したキャリヤ」であるという考え方に慣れるまでには時間がかかる。さらにこの空席にも，「価電子帯空席と不純物準位の空席ではエネルギーに差がある」といわれてもなかなかピンと来ないだろう。実際，著者が講義で接する二十歳前後の大人でも，「なぜホールはプラスなの？」と問うと「マイナスがなくなるからプラス！」と平気でいう例が多い。これは「借金を全額返せば預金が残る！」といっているようなものである。p型とはpositive（正）に見えるキャリヤがあ

るのであって，positiveに帯電しているわけではない．対となる負の電荷は動けないだけであり，通常の場合，これら正負の数は等しく電荷中性が維持されていることは，つねに頭に入れておいてほしい．

6.3 ま　と　め

まとめに代えて，ここではこの章で用いた各数値を，広く一般的に用いられる代数で表しておこう．なお，本文中にてすでに記載したものも一部重複して記載してある．

　真性キャリヤ密度　n_i〔cm^{-3}〕
　自由電子密度　n〔cm^{-3}〕
　ホール密度　p〔cm^{-3}〕
　n型不純物元素の密度（n型不純物は電子の供給者（ドナー）であるから**ドナー密度**と呼ばれる）　N_D〔cm^{-3}〕
これはドナーによる不純物準位密度をも表す．
　p型不純物元素の密度（p型不純物は電子の受領者（アクセプタ）であるから**アクセプタ密度**と呼ばれる）　N_A〔cm^{-3}〕
これはアクセプタによる不純物準位密度をも表す．
　室温でのn型不純物元素による空間電荷密度（室温におけるイオン化したドナーの密度）　N_D〔cm^{-3}〕
　室温でのp型不純物元素による空間電荷密度（室温におけるイオン化したアクセプタの密度）　N_A〔cm^{-3}〕
　なお，上記「密度」という言葉はすべて「濃度」と置き換えて使われる場合もある．いずれも単位体積（1 cm^3）当りの個数という意味であるから，どちらを用いても日本語としては正しいだろう．

7

真性，n型，p型各半導体の キャリヤ生成の考え方

フェルミ・ディラック分布関数を学んだ4章を起点とし，5章では真性半導体，6章ではn型，p型各半導体の様子をいずれもシリコンを中心に学んできた。特に，室温（R.T.）という絶対温度（K：ケルビン）で表現すれば超高温！？の世界では，固体中の電子は決して下のエネルギー準位から順序良く詰まっているわけではない。真性半導体であっても，なだらかなフェルミ・ディラック分布関数に従って，価電子帯から伝導帯に励起している電子が真性キャリヤ密度分，すなわち1 cm^{3}当り約10^{10}個もあることを5.3節で示した。もっとも，その励起電子割合を価電子帯全電子数から見れば，20兆個のうちの1個であったのだが。

3章の末尾で結論付けた「（真性）半導体は電流を流す物質ではない」という内容は，絶対零度付近の極低温における，電子が下から順序良く詰まっている場合，すなわち，フェルミ準位より下の価電子帯は満席であり，それより上の伝導帯は空席である場合の結論であり，我々が実際にこれらを使う環境である室温付近での結論は上記のように変わるのである。本章では，これら各種半導体のキャリヤ生成の考え方についてまとめて議論していく。

7.1 キャリヤ生成の考え方

6章でn型，p型それぞれのキャリヤ生成の様子を示してきた。特に，室温におけるn型に関する式 (6.1)，(6.2) およびp型に関する式 (6.8)，(6.9) より，それぞれの半導体内のキャリヤ密度の大小を真性キャリヤ密度 n_i〔cm^{-3}〕を基準に比較すると**表7.1**のように

表7.1 シリコンの型（type）によるキャリヤ密度の違い（n_iは真性キャリヤ密度）

シリコンの型 (type)	n型	真性	p型
自由電子密度 n〔cm^{-3}〕	$n > n_i$	$n = n_i$	$n < n_i$
ホール密度 p〔cm^{-3}〕	$p < n_i$	$p = n_i$	$p > n_i$

なる．当然のごとく，negative（負の）キャリヤを増やすべく15族元素を添加した「n」型は自由電子密度が大きくなり，positive（正の）キャリヤを増やすよう13族元素を添加した「p」型はホール密度が増加している．それぞれのキャリヤは各半導体の**多数キャリヤ**と呼ばれるが，一方で**少数キャリヤ**と呼ばれるn型中のホール，およびp型中の自由電子も数は少ないものの各半導体中に確実に存在している．これらの少数キャリヤは，図6.9あるいは図6.24で示したように不純物の存在とは無関係に，価電子帯から伝導帯へ，電子が直接励起した結果として生じたものであった．同じ室温という状況であるにもかかわらず，これら少数キャリヤ密度が，真性半導体における自由電子およびホール密度である真性キャリヤ密度より小さいのは，「室温」という熱エネルギーが各種電子励起にどのように配分されたかに由来する．例えば室温状態のn型半導体では，不純物準位にあるすべての電子が伝導帯に励起していると考えられる．不純物準位にある電子1個を伝導帯へ励起させるためのエネルギーはきわめて小さいが，それが不純物密度分の電子数となると無視することができなくなり，価電子帯から伝導帯へ直接励起させるために使えるエネルギーが真性半導体に比べて減ってしまい，結果としてホール密度が小さくなると考えることができる．

さて，結果として得られる各半導体内の自由電子，ホールの各キャリヤ密度を，5章末尾で導入した図，具体的には図5.13，および図5.14のような概念的な図を使って表現してみれば，**図7.1**のように示すことができる．自由電子

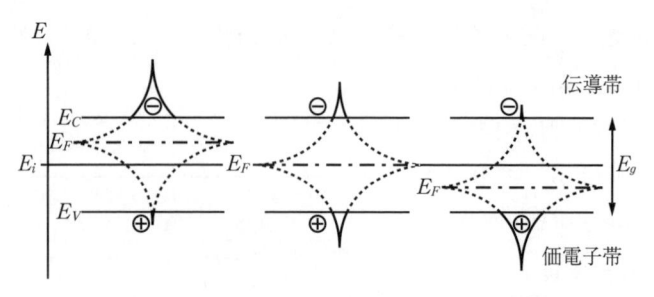

（a）n型半導体　（b）真性半導体　（c）p型半導体

図7.1　キャリヤ密度の考え方（図中の一点鎖線が各フェルミ準位）

密度は E_C 上部の伝導帯中に出ている部分の面積で表され，ホール密度は E_V 下部の価電子帯中に出ている部分の面積で示されており，5章で導入した際には，図（b）に示した真性半導体，すなわち自由電子とホールとが同じ数だけ生成されているものを描いていた．これは，曲線ひし形（以降，この形状をこのように命名することにしよう）の水平方向の対角線を，E_C と E_V とのちょうど真ん中に合わせて描いたことによる当然の帰結であり，フェルミ準位がちょうどバンドギャップの中間に位置する場合を意味している．重要なことは，温度のみで決まるフェルミ・ディラック分布関数を基に描いたこの曲線ひし形の「形状」は，n型，真性，p型にかかわらず温度が同じであればすべて同一であり，この曲線ひし形の水平対角線の「位置」を各半導体のフェルミ準位に合わせて上下にずらすだけで，各半導体のキャリヤ密度の大小関係が概念として理解できる．具体的には，フェルミ準位はn型では E_C 側に，p型では E_V 側に寄っている．したがって，E_C 上部の伝導帯中に出ている部分の面積は，水平対角線を E_C 側に寄せて描いたn型で大きく，E_V 下部の価電子帯中に出ている部分の面積は，水平対角線を E_V 側に寄せて描いたp型で大きくなり，各半導体の多数キャリヤが自由電子，およびホールであることがわかる．6章において各フェルミ準位の位置を議論した理由の一つはここにあり，これを基準に曲線ひし形を描くことによって，キャリヤ密度だけでなく，各キャリヤのエネルギー分布も直観的に理解できる．

ただし，ここでキャリヤの密度とエネルギー分布とを描くために用いた曲線ひし形は，これを導入した5章からずっと，価電子帯，伝導帯中の各エネルギーにおける座席数（状態密度）がすべて均一であるという前提で描かれている．本書の内容を理解した読者はいずれ，座席数のエネルギー値依存性（状態密度関数：$N(E)$ と示されることが多い）を目の当たりにすることもあると思う．それが実際の状態密度であり，それを前提にすればキャリヤの分布形状も曲線ひし形から変化するが，いずれ議論する各種接合など，本書の内容を理解する上では，ここで描いてある曲線ひし形を前提にしてもまったく問題はない．

さて、ここで各半導体それぞれの具体的なキャリヤ密度について考えてみよう。真性半導体では5章式 (5.1) にて示したように自由電子密度とホール密度が真性キャリヤ密度 n_i に等しく、その当然の結論として式 (5.2) に示したように np 積が n_i^2 になるとの**質量作用の法則**を紹介したが、この式 (5.2) は、n型半導体であってもp型半導体であっても成立する。具体的には

$$（すべての半導体）\quad np = n_i^2 \tag{7.1}$$

が成り立つ。これは、フェルミ・ディラック分布関数が、とある条件下では**ボルツマン**（Boltzmann）**分布**と呼ばれる exp 関数に近似でき、この積分の結果でもある exp 関数が、$\exp(a) \cdot \exp(b) = \exp(a+b)$ と指数同士の和で表せるために得られる結論であるが、表 7.2 に、（ほぼ）室温における各シリコンのキャリヤ密度の具体例を掲載したので、そちらを参照したほうが理解はスムーズであろう。型と濃度が異なっても、質量作用の法則より自由電子とホールの各濃度の積はつねに一定となっているが、それは指数の和が一定になっていることと等価であることがわかる。ここで大切なことは、式 (7.1) すなわち np 積が一定でも、**表 7.2** の右端に示した n と p の和、すなわち単位体積当りのキャリヤ総数は大きく異なるということである。この表では各不純物濃度は明示してはいないが、自由電子およびホールの数値の大きいほうが、それぞれの

表 7.2 シリコンの型および不純物密度の違いによるキャリヤ密度
（簡略化のため $n_i = 1 \times 10^{10}$ cm^{-3} と近似）

型	自由電子密度 〔cm^{-3}〕	ホール密度 〔cm^{-3}〕	$n \cdot p$ 〔cm^{-6}〕	$n+p$ 〔cm^{-3}〕
n型	1×10^{18}	1×10^{2}	1×10^{20}	1×10^{18}
	1×10^{16}	1×10^{4}	1×10^{20}	1×10^{16}
	1×10^{14}	1×10^{6}	1×10^{20}	1×10^{14}
	1×10^{12}	1×10^{8}	1×10^{20}	1×10^{12}
真性	1×10^{10}	1×10^{10}	1×10^{20}	2×10^{10}
p型	1×10^{8}	1×10^{12}	1×10^{20}	1×10^{12}
	1×10^{6}	1×10^{14}	1×10^{20}	1×10^{14}
	1×10^{4}	1×10^{16}	1×10^{20}	1×10^{16}
	1×10^{2}	1×10^{18}	1×10^{20}	1×10^{18}

不純物濃度にほぼ等しいと考えてよい（6.1.3項および6.2.3項）。したがって，不純物濃度が大きいほうが，キャリヤ総数が圧倒的に大きくなり，結果として電気伝導性が高くなる（抵抗率は小さくなる）ことがわかる。このことは高校における数学などで，『xとyが反比例，すなわち$xy=a$（一定）の条件下で，$x+y$の値が大きくなるのはどこか？』などという問題にて，読者の方々は触れたことがあるものと思う。もちろん問題としては『$x+y$が最も小さくなるときのxとyの値を求めよ』としないと，解の一義性を満足しないが…。

7.2 フェルミ準位

　前節にて曲線ひし形の基準点となり，また，4章において電子の存在確率が座席数の1/2と（再）定義したフェルミ準位とは，けっきょくどういうものなのだろう？ここでもう一度その意味について考えてみる。我々が普段目にすることのできるものとして著者の考える一例を挙げれば，それは，平均水面である。図7.2に各種，海の様子の模式図を表してみる。波がほとんどなく穏やかな海の様子を図（a）に示し，図（b），（c）と右に行くに従って，海は荒れている。平均水面が同じでも，荒れた海では（位置エネルギーが）高いところにまで海水が達し，時には防波堤を超えることもあるだろう。もちろんこの状況では，平均水面が同一である以上，それより下にはたくさんの空洞（海水のないところ）ができている。固体の中の電子も，縦軸を位置エネルギーと見ればこれらとまったく同様に考えられ，平均水面がフェルミ準位であり，図（a）は低温，図（b），（c）はそれぞれ室温，高温状態の様子と考えることが

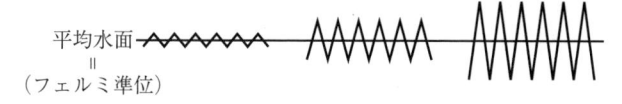

　　　　　平均水面
　　　　　　‖
　　　　（フェルミ準位）

　　　（a）穏やかな海　（b）ちょっと波の　（c）荒れた海
　　　　　　（低温）　　　　高い海（室温）　　　（高温）

図7.2　フェルミ準位のイメージ：平均水面

できるのである。同じエネルギーレベルにおける電子と空席の共存が、電子の移動、すなわち電流が流れることの必要条件であるから、半導体の場合には一般的に、高温状態のほうが、電流が流れやすくなることが理解できるであろう。

通常、何らかの物質同士を接合させた場合、その両者は一部の例外を除いて同じ温度と考えることができる。したがって、海の荒れ方、すなわち電子のエネルギー分布は、平均水面、すなわちフェルミ準位を基準として両者とも同じ分布をしていることになる。ただし、もし、基準となる平均水面、すなわちフェルミ準位が両者で異なれば、水、すなわちキャリヤは高いほうから低いほうへ流れ落ち、平均水面すなわちフェルミ準位が一致するまでその流れは続くだろう。水面高さの異なる水槽を密着させて、間の仕切りをとった状態と考えてもらえばイメージはわくと思う。いずれ 10 章で議論する p 型半導体と n 型半導体の接合（pn 接合）などでは、このような考え方、すなわち両者のフェルミ準位の差によってキャリヤの流れが起こることを出発点として、議論が展開されることになる。

7.3 半導体の耐熱温度

図 7.3 に、n 型半導体の各温度におけるキャリヤ生成の様子を、出現する電荷に着目して描いた図を示す。いずれも 6.1 節から抜粋してきたものであるが、極低温および低温の図では、一部の不純物準位にプラス電荷とマイナス電

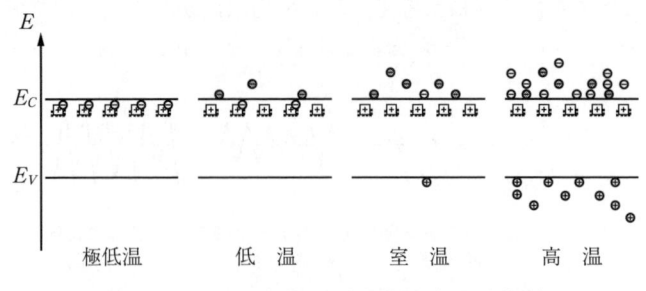

図 7.3 キャリヤ生成の温度依存性（n 型半導体）

荷が共存して描かれている。これは，不純物15族元素に電子Ⓑ（6.1.1項および図6.3）が拘束されている様子を電荷中性が満たされているという視点で描いたものである。図6.6に示したような価電子帯を含めた全電子を描いたエネルギーバンド図では，本来このような空間電荷の⊞は描かないが，この際の前提として，各電子には必ずペアとなる原子核陽子がおり，本来電荷中性が満たされているという暗黙の了解があった。図7.3では，この電荷中性が満たされていることを強調して示すべく，出現する電荷に着目した描き方をしてある。

図7.4には，各温度におけるキャリヤ生成の様子（温度依存性）をp型半導体について同様に示した。これも上記と同様，6.2節から抜粋したものに対して，すべて上記n型と同様の描き方で示してある。不純物準位は，極低温ではⒶ状態（6.2.1項および図6.18）を反映してすべて空席となっており，温度が上がるにつれて，価電子帯電子がその空席に励起され空間電荷となり，Ⓑ状態に変わっていく。一方，価電子帯は，電子で満席であることが電荷中性の要件であったので，価電子帯電子が励起され，そこに空席ができることで，ペアとなる原子核プラス電荷が出現する。いずれにせよ，どの温度領域であっても，n型同様，出現するプラス電荷とマイナス電荷の数はすべて一致しており，固体全体として電荷中性が満たされていることがわかる。

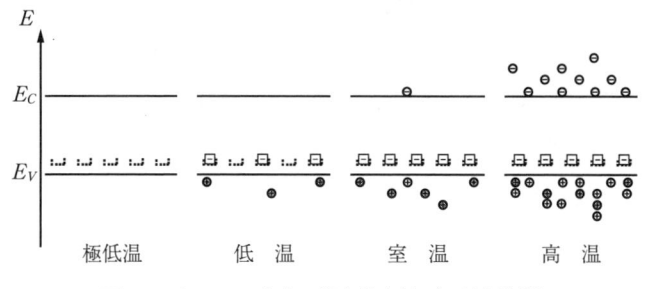

図7.4 キャリヤ生成の温度依存性（p型半導体）

さて，これら図7.3および図7.4を基に，温度変化に伴う多数キャリヤ密度と少数キャリヤ密度それぞれの変化の概略図を**図7.5**に示す。ここで，各キャリヤ密度を示す縦軸は，不純物密度（N_D $[\mathrm{cm}^{-3}]$あるいはN_A $[\mathrm{cm}^{-3}]$）で規

格化したものをリニアスケールで示してある。一方の横軸は同様にリニアスケールでのケルビン表示の温度軸であるが，そこには，図7.3，図7.4で示した各様子に対応する温度領域（極低温，低温，室温，高温）を併せて示してある。

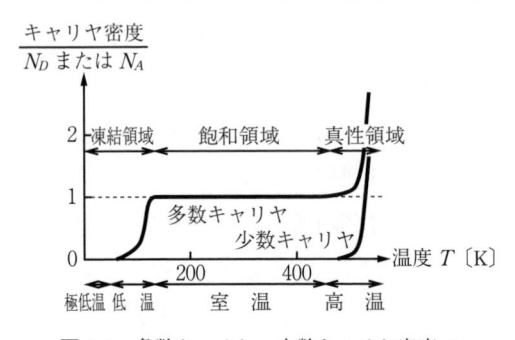

図7.5 多数キャリヤ・少数キャリヤ密度の温度依存性

極低温では，n型の場合，不純物準位以下にすべての電子が詰まっており，伝導帯以上はすべて空席，p型の場合では，価電子帯以下に全電子が詰まっており，不純物準位以上はすべて空席であることによって，いずれもキャリヤがほとんど存在しない。それより若干温度が上がった低温と示された温度範囲では，一部の電子が不純物準位から伝導帯に励起し自由電子となる（n型），あるいは一部の電子が価電子帯から不純物準位に励起し，価電子帯に空席（ホール）ができる（p型）が，これら励起電子の数は温度上昇に伴い徐々に増加するので，多数キャリヤもそれに応じて増加していく。これら，極低温，および低温の状態をまとめて，**凍結領域**（freeze out range）と呼ぶこともある。いわば，凍りついているキャリヤが温度上昇とともに少しずつ溶け出し，動くことのできるものが徐々に増えていくということを意味している言葉である。

さて，この極低温，低温を総称した凍結領域からさらに温度を上げると，多数キャリヤ数がほぼ一定値を示す広い温度範囲があることに気付くだろう。横軸に室温と示された範囲であるが，当然のことながらこの範囲すべてが室温ではなく，図7.3，図7.4に示した室温と書かれた状態に対応している範囲という意味であり，一般にこの範囲は**飽和領域**（saturation range）と呼ばれることが多い。この領域内では温度が上昇しても，多数キャリヤ密度は飽和して一定値を保っているということを意味している言葉である。

ここで縦軸値は上述したように，キャリヤ密度を不純物密度（N_D〔cm^{-3}〕

7.3 半導体の耐熱温度

あるいは N_A〔cm^{-3}〕)で割ることによって規格化したものであった。したがって，この値が1となるところは，不純物原子1個に対して1個のキャリヤ放出を行っている温度範囲と考えられる．本来，元素種とその数（密度）が厳密に制御された不純物の導入目的は，多数キャリヤ数（密度）を所望の値にすることであった．したがって，所望の値（縦軸1のところ）になっている温度範囲，すなわち飽和領域が，n型，p型それぞれ設計値どおりのキャリヤ密度を有している領域ということになる．

このような視点で再び横軸値を具体的に見てみると，飽和領域と示された温度範囲は，我々が普通に生活できる温度範囲を完全に覆っていることがわかる．半導体が半導体として有すべき所望の性質（多数キャリヤ密度）は，少なくともそれが人間が生活している温度範囲で使われている限りは，設計値，言い換えるならば，不純物密度と等しい値に完全に制御されているのである．

さて，ここからさらに温度が上がって高温状態になった場合を見てみよう．縦軸の規格化されたキャリヤ密度は，多数キャリヤだけでなく少数キャリヤも急激に増加し，1を超えていくのがわかるであろう．実際，図7.3，図7.4を見れば明らかなように，多数キャリヤ，少数キャリヤともに不純物密度を超えた量存在している．それぞれのキャリヤ密度の差は，どんな温度領域でもちょうど不純物密度分に対応するはずであるが，温度をどんどん上昇させると，キャリヤ密度自体がきわめて大きくなるので，その差は無視できることになり，多数キャリヤと少数キャリヤの密度がほぼ等しいとみなせる状態になってくる．一般にこの高温と示した範囲は**真性領域**と呼ばれるが，導入された不純物が13族元素のp型半導体であろうが，15族であるn型半導体であろうが，全キャリヤのうち価電子帯から伝導帯へのバンドギャップを超えた励起電子が支配的になることから，その振舞いは真性半導体と変わらない温度領域という意味でこのような言葉が使われている．

シリコンの場合，図7.5に示したように通常，500 K程度（室温 + 200 K：すなわち200℃超）以上からこのような真性領域に突入する．このような温度領域を気温として認識すれば，それは我々が普通に生活できる温度範囲をはる

かに超えている。しかし，車のエンジンルーム内やパソコン，あるいは高性能ゲーム機の筐体の中などの局所部分にその観察範囲を広げれば，意外に身近なところにこのような温度になる可能性のあるところは存在する。もし実際にそこにp型，n型の各半導体や，あるいはそれを組み合わせたpn接合半導体（10章で述べるようにダイオードとして用いられる），npn接合半導体（12章で述べるようにトランジスタとして用いられる）などが組み込まれていた場合，それらはすべて真性半導体として振る舞うということに注意しなければならず，この場合，所望の特性は得られなくなってしまう。パソコン筐体に組み込まれている空冷ファンなどは，そのような状態にならないような対応策として，我々の目に触れやすいものの一つであろう。

7.4　ま　と　め

　この章では，半導体におけるキャリヤ生成の考え方を，一部6章を抜粋する形で温度依存性を中心としてまとめてみた。真性半導体に13族元素を添加した「p」型はホール密度が増加し，15族元素を添加した「n」型は自由電子密度が大きくなる。実際，これら添加した不純物の量（単位体積当りで考えるから通常は密度と表現される）が，一般には，そのままキャリヤ密度と考えられる。これは，不純物元素1個に対して，キャリヤ1個が生成されるからである。ただし，これは我々が通常生活できる温度範囲，いわゆる飽和領域での利用を前提とした話であり，温度領域が変わるとこの状況も変わってくる。はるかに低温の領域では，凍結領域となって添加した不純物数ほどのキャリヤ数は得られない。最も深刻なのは飽和領域を超えた高温側であり，ここでは価電子帯から伝導帯への直接励起により，添加した不純物密度をはるかに超えた自由電子密度およびホール密度が得られる。言い換えれば，n型であってもp型であっても，もはやそれは真性半導体と同等の振舞いをしてしまうということである。実際のデバイスの利用に関しては，このことを十分に踏まえる必要があるのである。

8 固体結晶内におけるキャリヤ伝導の式

　7章までにおいて，固体結晶である真性，n型，p型各半導体における自由電子，ホールの生成の様子を示してきた。この章では，これら生成されたキャリヤが動く様子を基に，電流の式を導出することを目的としている。ただし，初めから式ありきで話を進めていくのではなく，まず現象をしっかり把握することを第一目標とし，そこからその現象に合わせて式を描いてみるというアプローチをとってみよう。

　1.4節でも述べたように，「キャリヤ（carrier）」とは運送人，担い手という意味であり，運ぶ対象を省略して用いられる場合が多いが，この場合はもちろん電流の担い手という意味である。実際，自由電子やホールなどの電荷を持ったキャリヤが動くことが電流に直結する。5章冒頭で記したように，電流は，「ある断面を1秒間に通り過ぎる電荷の量（C：クーロン）」として定義され，その電荷量が1Cである場合1（A：アンペア），通り過ぎた電荷量が10Cである場合には10Aと示される。

　図8.1に，電荷の動きの様子の模式図を示す。図（a），（b）それぞれ異なる物体であり，中に存在する電荷の密度やその動きも異なっている。各矢印は，それぞれの電荷が1秒間に進む距離を表すものとしよう。図（a）は図（b）に比べて電荷の密度は圧倒的に大きいが，その動く速度は小さい。

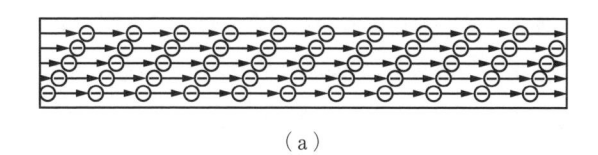

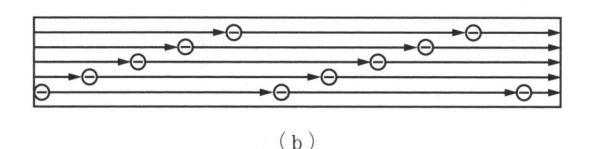

（a）

（b）

図8.1　それぞれの物体での電荷の動きの様子の模式図。
　　　観測される電流値は図（a），（b）いずれも等しい。

一方の図（b）は電荷の密度は小さいが，その速度はきわめて大きい。上述した電流の定義を当てはめれば，図（a），（b）とも，どの断面をとっても矢印の数は5本だから，「ある断面を1秒間に通り過ぎる電荷の量」である電流値はいずれも等しい（余談だが，この場合の電流値は電子の電荷素量 -1.6×10^{-19}〔C〕を前提にすれば 8×10^{-19}〔A〕に過ぎない。1Aの電流と気軽にいうが，それは，途方もない数の電子が1秒間に各断面を通り過ぎていることがわかる）。

キャリヤの密度が大きな物質（例えば配線に用いられる金属）と，キャリヤの密度が相対的にかなり小さい物質（例えば半導体）とを直列につなぎ直流電圧を印加し続けたような場合，そこには場所によらず一定の電流が流れるが，この場合の各領域におけるキャリヤの振舞いは，まさしく図（a）と図（b）とが直列につながったような状態になっていることを意味する。高速リフト（図（b））とその待ち行列（図（a））を体験した読者も少なからずいると思うが，待ち行列を含めたリフトのどこの断面を見ても，単位時間当りそこを通る人の数は等しいのである（クワッドリフトの場合，2 400人/1時間とのことである）。

8.1　電界によるキャリヤの動き（ミクロ版）

のっけから恐縮だが最初にある問題を出そう。図8.2のような，スタート地点とゴール地点との位置関係（すなわち標高差と水平距離）がまったく同じ，ただし途中の形状が図に示したように異なる図（a），（b），（c）の各斜面があり，ボールを各スタート地点に置いた場合，最も早くゴールするものはどれか？という問題である。講義で挙手によるアンケートをとると，図（a）という答えが圧倒的に多い（これまでの著者の経験上約70%）。ちなみに，図（b）

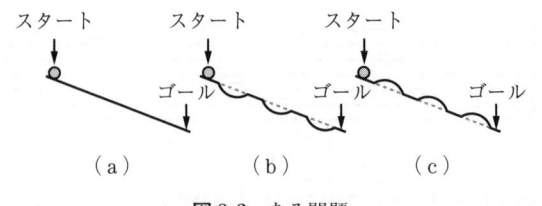

図8.2　ある問題

の挙手割合が10％程度，図（c）は0％といいたいところだが，数年に一度に1人くらいいる．では残りの20％弱は…，無視あるいは居眠りしているのだろう．もとい，深く考えている最中なのかもしれないが，いずれにしても無回答である．実はこの問題は以前，著者が上野の国立科学博物館で実際に巡り合ったものであり，圧倒的大多数の意見と同様に著者も，『図（a）が一番早いに決まってんじゃん！』と思って，実際にボールを転がしてみたところ…，なんと…！となり，その場で考え込んでしまったというエピソードがある（あえてここではこの結論は明示しないことにする．パンダを見た後でいいので，できれば（たまには）ぜひ，このようなすばらしい博物館に行き，この展示だけでなく，他のものも含めて実際に体験してほしいと，著者は本当に思う）．

スタートとゴールの位置関係が与えられた場合，重力を使って最も早い時間で到達できるような斜面形状を求めるというものは，最速下降線問題として知られているが，要するにその解となる斜面形状は，標高差による位置エネルギーをなるべく早く運動エネルギーに変換し早めに速度を上げることと，スタート-ゴール間の移動距離をなるべく短くすることとのバランスがとれた形状となっているのである．

さて，話を本題のキャリヤの動きに戻そう．図8.3（a）に，電界によるキャリヤ（電子）の真空中での移動，図（b）に，同様の固体中での移動，それぞ

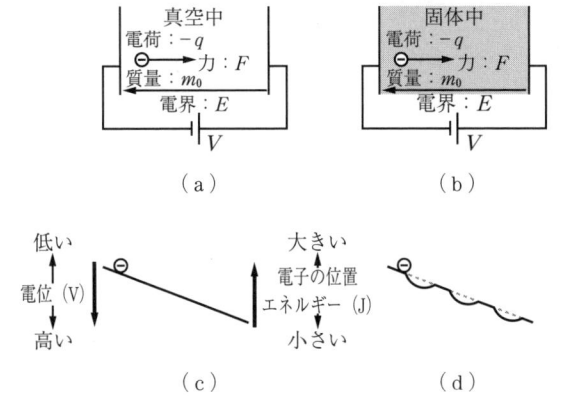

図8.3 電界によるキャリヤの真空中および固体中での移動

れに関する図を示す。ここでは電界や力，および運動はいずれも1次元方向とするが，中でも図(a)は高校でも一般的に見られるものであろう。運動方程式

$$F = m_0 a = -qE \tag{8.1}$$

から始まり，加速度 a は一定であり…，となるのが一般的な受験を経た大多数の読者の王道ともいえるのであるが，その前に，1.2節でも記したような，運動の可視化図を図(a)，(b)に対応させて，それぞれ図(c)，(d)として下に併記してみる。負の電荷を持つ荷電粒子を対象にしているので，電位は下向きに正をとるほうが，幼児体験に合致する。

真空中での電子（図(a)）は普通の滑り台をすべるがごとく，図(c)の可視化図に示すように，徐々にスピードを上げていくだろう。負の電荷を持つ電子であるから，電位的には高いほうに引き付けられるが，詳しくいえばそれは一定の電界（傾き）下で，電界とは逆向きとなる一定の力 $-qE$ で常時引っ張られることから加速度は一定となる。なお，図(c)の縦軸は電位だけでなく，それに電子の電荷量 $-q$ をかける（縦軸スケールおよび単位を変更する）ことで，電子の位置エネルギー $-qV$ をも表すと見ることができる。力学的な高さ h の図を描いて，その縦軸スケールに mg を乗ずることで，縦軸をそこに質量 m の物体がある場合の力学的位置エネルギー mgh と見ることができるのと同じことである。この見方をすれば，エネルギー保存則的に，電子の位置エネルギー $-qV$ をどんどん失って運動エネルギーに変換されていく過程であることがわかる。さらにこの場合，図(c)のグラフの傾きと力の大きさとは関連しているが，傾きが一定であるこの図は，常時一定の力で引っ張られているという上述した現象を反映している。

さてつぎに，図(b)のような固体中での電子の運動を考えてみよう。外部電圧および極板間距離が図(a)と等しいことから，固体中にも真空中と同様の電界 E がかかっていると考えるのが普通であろう。もちろん，始点（負極板）と終点（正極板）の電気的な位置の差（電位差）が同じであるから，平均的な傾き（電界）は図(a)と等しくなるが，微視的に見ればそれは局所的に

8.1 電界によるキャリヤの動き（ミクロ版）

異なり，概念としては図（d）に示すような凸凹の形状となる．これは，固体中に存在する電荷の分布状態によっている．固体は原子によって構成されており，各原子は原子核内というきわめて局所的な領域にプラス電荷である陽子を原子番号の数分だけ内包している．これら局所的に集中して存在するプラス電荷が，固体中では原子間隔（数Å）で並んでいることになる．

さて，局在したプラス電荷が並んでいるということはどういうことだろう？移動する電子にとっては，外部電圧による電界に加えてその影響を受けるということである．この様子を図 8.4 に示そう．固体内を移動する電子は，一様の外部電界 E による一定の力 $-qE$ のほかに，原子核から距離に応じた引力を受ける．図（a）に示すように，電子が原子核に近づく際にはその引力は外部電界による力と同方向となり，遠ざかる際には逆方向となる．したがって，移動する電子に作用する力の大きさを，電子の位置に対してプロットすれば，図（b）のようなグラフが描けることになる．力の大きさは位置エネルギーの傾きの絶対値であり，図 8.4（b）のグラフは，図 8.3（d）に示した概念図の各点での傾きの大きさをほぼ反映したものであることがわかるであろう．さて，固体中での電子の動きをミクロに見た場合の運動の概念的可視化図であった図 8.3（d），まさしくこれは，図 8.2（b）に示したような形状の坂道を転げ落ち

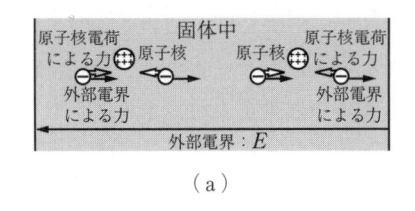

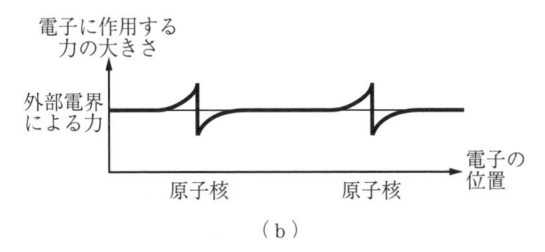

図 8.4 外部電界と原子核電荷による電子に作用する力

ていくボールと同じことになる(もちろん固体中は電荷中性が満たされており、そこにはプラス電荷だけでなく、それと同数のマイナス電荷を有している。ただし、プラス電荷は陽子として原子核に局所的に存在しているのに対し、マイナス電荷は共有結合電子、金属結合電子、あるいは原子核近傍にある内殻電子でさえも、プラス電荷に比べれば比較的広い範囲に一様に薄く分布しており、移動する電子の運動に対する直接的な影響は無視できるのである)。

このように、固体中を移動する電子には、その存在位置によって微妙に異なる力が作用する。位置エネルギー的には、負極板と正極板の電子の位置エネルギー差を運動エネルギーに変換しながら移動しており、少なくともゴールである正極板に到達した際の電子の運動エネルギー、すなわち速度は一般的に途中がどのような経路であっても等しい。ただし、位置エネルギーを早めに消費し運動エネルギーに変換することで、一定電界である真空中よりも到達時間は早まるのである。運動方程式的には

$$F = m_0 a = -q(E(外部電界) + E(原子核からの電界)) \tag{8.2}$$

となり、E(原子核からの電界) の向きが E(外部電界) と同一のとき、すなわち原子核に近づく際には大きな力となり、この向きが逆向き、すなわち原子核から遠ざかる際には、外部電界による力よりも小さな力となる。原子が規則正しく配置された結晶の場合、原子間隔の周期で変調された坂道形状、すなわち外部電界と原子核電荷が生ずる電界による合力を、その位置ごとにいちいち計算すれば、固体中でも電子の運動を表現できるはずであるが、このようなことを電子の通り道近傍にあるすべての原子核についてやるのは現実的ではない。

このことより、**有効質量**という概念が生まれた。真空と等しい外部電界がかかっている固体結晶中では、そこを移動する電子の質量は真空中の電子よりも一般的に軽いとみなすという考え方である。こうすることにより、外部電界による力のみを考えるだけで、加速度 a が大きくなり、到達時間が早まることを説明できるからである。運動方程式は

$$F = m^* a = -qE(外部電界) \tag{8.3}$$

となり、基本的には、質量を静止質量 m_0 から有効質量 m^* に代えるだけで、

8.1 電界によるキャリヤの動き（ミクロ版）

固体結晶中でも式(8.1)に示した運動方程式と同様に，外部電界だけを考慮した扱いができることになる．実際に，シリコン結晶中を移動する自由電子およびホールの有効質量を電子の静止質量で割った値 m^*/m_0 を式(8.4)に記すが，これはつまり，本来の電子の質量に比べてどのくらい軽いものとして扱うことができるかといった割合を意味する数値である．

$$\left.\begin{array}{l} \text{自由電子の } m^*/m_0 \text{値}:0.19,\quad 0.98 \\ \text{ホールの}\quad m^*/m_0 \text{値}:0.16,\quad 0.49 \end{array}\right\} \quad (8.4)$$

いずれの有効質量値も，静止質量に比べて小さくなっており，また，複数の有効質量の値が知られている．この詳細はバンド理論に譲るとしても定性的には，結晶は原子の配列の仕方が方向によって異なる，いわば異方性があるため，キャリヤがそのような中を移動する際，その移動する方向によって原子核に遭遇する頻度が変わる．すなわち，外部電界がもたらす傾き一定の斜面上に新たにできる凹凸の出現頻度が変わることにより，いわゆる平均的な加速のされやすさが変わってくると理解できよう．

一方，ホール有効質量については，運動方程式に適用する有効質量を違う物質である電子の静止質量と比較すること自体ナンセンスと思われるが，本来ホールの移動は価電子帯電子の移動に伴って見えてくる，質量の存在し得ない空席の移動であったから，その移動の源として電子の質量を基準にするのは妥当であろう．逆に，ホールがプラス電荷と質量とを有する実在する粒子であったとしたら，負極板方向への一定の力に加えて，プラス電荷を有した周期的に存在する原子核近傍ではつねに斥力が作用することになる．この場合は，図8.2(c)に示したように，周期的に上向き凸の斜面を通ることになるだろう．あくまで机上の空論ではあるが，これまでの議論から，この場合の"有効質量"は，本来の静止質量 m_0 よりも大きくなると予想されるのである．

式(8.1)の一般の運動方程式と同じ形になるように記した固体中の運動方程式である式(8.3)は，しかし，これを厳密に適用すると，実際には，正極板への到達時間が早くなるだけではなく，到達時の速度も大きくなってしまうこと

になる。しかし、現実の現象を踏まえれば、この矛盾は顕在化しない。それは、下記に示すキャリヤの散乱現象による。

　すなわち、周期的に並んでいる原子核は、そこに局在するプラス電荷がキャリヤの有効質量を小さくもするが、一方で移動するキャリヤの物理的な障害物ともなり得る。実際には、原子核と衝突して速度を限りなく落とし、また加速し、また衝突するというプロセスを繰り返すのが、固体中の電子の動きと考えられるのである。その際、有効質量が意味を成すのは、あたかも質量が軽いように、真空中よりも加速度が大きくなって加速されやすい状況に、あくまで衝突と衝突の間の加速の際にのみ、なっているということである。このような障害物によりキャリヤが速度を落とすことを、一般に**キャリヤの散乱**と呼ぶ。キャリヤの散乱を引き起こす要因として、**格子散乱**および**イオン化不純物散乱**と呼ばれる二つが知られている。基本的にはいずれも、結晶中の原子核との衝突によるが、シリコン結晶の場合、前者は、まさしくシリコン原子との衝突によるキャリヤの散乱であるのに対して、後者はキャリヤ生成のために添加された不純物原子による散乱である。**図8.5**にこの様子の模式図を示すが、障害物が並んでいる傾いた台の上を、ボールが障害物にぶつかりながら転がっていく様子であり、ゲームセンターにあるスマートボールそのものと考えていただいて結構である。

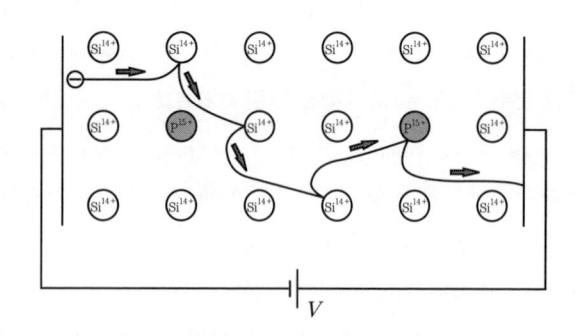

図8.5　格子散乱とイオン化不純物散乱

8.2 電界によるキャリヤの動き（マクロ版）

前節で示したように，固体結晶中の各キャリヤの動きは実際にはかなり複雑であるが，その一つひとつをつぶさに追っていては，実際に流れる電流を議論するレベルまで到達するのに何万年かかるかわからない。そこで，この節ではこれをもっとおおまかに捉える方法について考えてみる。先の図 8.5 に示したように，各キャリヤの電界中での動きに着目すれば，それは加速され，散乱され，再び加速され，散乱され…，を繰り返すことになるが，本章最初に示したように，実際の電流の場合，キャリヤは途方もない数存在しているので，すべてのキャリヤが「平均化した一定の」速度で運動していると考えるのである。この場合の平均化とは，一つのキャリヤそのものの速度の平均化だけでなく，他のキャリヤを含めたすべての速度の平均化である。これはすなわち，本章最初に示した図 8.1 のようにキャリヤは移動しているとみなす考え方である。**図 8.6 にこの考え方の模式図を，実際のキャリヤの動きと比較して示す。**各キャリヤがそれぞれ加速，散乱，…，を繰り返す実際の動き（図（a））を，すべ

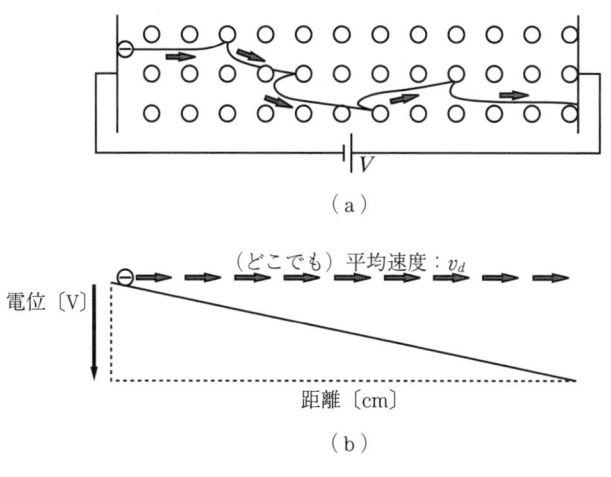

図 8.6　キャリヤの実際の運動と平均速度

てのキャリヤがどこでも一定の平均速度 v_d で動いている（図（b））とし，さらにこの平均速度 v_d は，図における傾きの値（電位 V の傾き：すなわち電界 E）に比例すると考える．すなわち

$$v_d \propto E \quad (\propto : 比例という意味の数学記号) \tag{8.5}$$

とする．比例するのだから，その比例定数を定めるが，これには μ というギリシャ文字が使われることが多く

$$v_d = \mu E \tag{8.6}$$

と，この平均速度 v_d と電界 E との比例関係を表すのが一般的である．なお，v_d という表現の添え字の d は，ドリフト：drift という言葉の頭文字である．これは，押し流される，漂う，といった意味であるが，1章で述べたように，電流すなわち電荷の移動には，電界によるものと混雑緩和によるものがあるが，電界による電流は**ドリフト電流**と呼ばれることから，それをもたらす電荷の速度と言う意味で，この平均速度 v_d は**ドリフト速度**と呼ばれる．

比例係数として導入した μ それ自体は，式 (8.6) において $E=1$（単位電界）と置いた場合の v_d 値そのものであるから，単位電界を与えた場合の平均速度になる．半導体では通常，E の次元は V/cm，v_d の次元は cm/s と表すから，μ の次元は，cm^2/V·s となる．これが，何らかの面積を表すものではないことは，これまでの議論から明らかであろう．さてこの比例係数である μ は，一般に**移動度**（mobility）と呼ばれる．図8.6（a），（b）を振り返れば，μ は同じ傾きを与えた場合の平均速度であるから，荷電粒子の種類（電子かホールか），また，荷電粒子が走行する固体自体の状態，すなわち散乱の度合いを決める不純物量や結晶の熱振動の程度，またキャリヤ自体の密度などによって大きく異なることが予想される．

図 8.7 に，シリコンにおける電子およびホールの電界 E に対するドリフト速度 v_d を示す．図中に示したように，これは 300 K，真性 Si における場合の例である．縦軸と横軸のスケールを注意深く見てみると，このグラフは両対数で描かれていることがわかる．通常のグラフ（リニアスケール）では，直線が比例関係を表し，直線の傾きはその比例定数となるが，log-log グラフにおけ

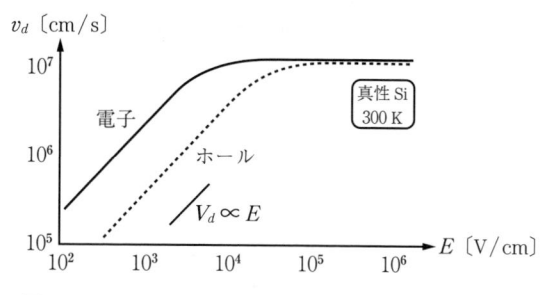

図8.7 電子およびホールの電界に対するドリフト速度

る直線は，$y \propto x^n$ の関係を有することを示しており，グラフの傾きは上記関係における指数 n を示している。

さて，我々が通常用いる範囲である低電界領域では，図中に示すようにその傾きが1（横軸が1桁上がれば縦軸も1桁上がる）となっていることから，E と v_d とが比例関係にあることが確認でき，この範囲での比例係数が移動度である。すなわち，傾き1の領域内での縦軸値と横軸値との比率からその移動度は算出できるが，実際にシリコン中（300 K，真性）での電子の移動度は約 1 400（$cm^2/V\cdot s$）程度，ホールの移動度は約 450（$cm^2/V\cdot s$）程度であることが知られている。なお，この各値は，$10^{14} cm^{-3}$ 程度の不純物密度までは維持されるが，それ以上不純物が添加され散乱要因が増したn型やp型では，これらの移動度はその不純物量の増加とともに減少していくことが知られている。また，図中に示すように高電界領域では，この電界とドリフト速度との比例関係が崩れ，グラフの傾きがなだらかになり，電界を大きくしてもそれ以上はドリフト速度が増えない速度飽和の状態に達することがわかる。

8.3 ドリフト電流

電界によるキャリヤの動きが，8.2節のように平均化されたドリフト速度 v_d で表せるようになると，電流を算出することが可能になる。すなわち，図8.1に示した状態を仮定できるので，ある断面を1秒間に通り過ぎるキャリヤ数が

わかり，電子およびホールの電荷素量 $\pm q$ [C]（$q = 1.6 \times 10^{-19}$）より，「ある断面を1秒間に通り過ぎる電荷の量」すなわち電流が算出できることになる。図8.8にその算出のための模式図を示す。例としてホールのみをキャリヤとする半導体の場合をまず考えよう。

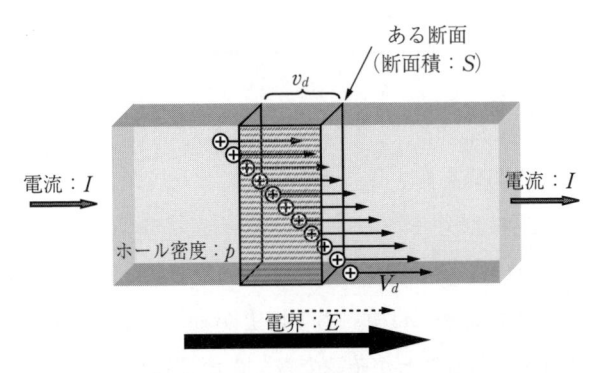

図8.8 ドリフト速度とドリフト電流

この領域には，図中左から右に一様の電界が存在し，それによって同じ向きに電流 I が流れているものとする。対象とする断面の断面積を S [cm²]，キャリヤであるホール密度を p [cm⁻³] とする。図のように，すべてのホールは電界 E [V/cm] によって一定のドリフト速度 v_d [cm/s] で右方向に移動しているから，図に示した瞬間から1秒の間にこの断面を通過するホールは，横幅 v_d [cm/s] の範囲内にあるものすべてである。図中右下に示されたすでに対象断面を通り過ぎたホール，および横幅 v_d で囲まれた範囲よりも左側にあるものは，上記断面を1秒の間に通り過ぎることはない。上記横幅 v_d [cm/s] と断面積 S [cm²] とで囲まれた体積全体が1秒間に対象断面を通り過ぎると考えてもいいだろう。いずれにせよ，この体積は $v_d \cdot S$ [cm³/s] であり，そこに存在するホール数は $p \cdot v_d \cdot S$ [s⁻¹]．したがって，この対象断面を1秒間に通り過ぎる電荷量である電流 I は

$$I = p \cdot v_d \cdot S \cdot q \quad [\text{C/s：すなわち A}] \tag{8.7}$$

と示される。なお，一般的には断面積 S [cm²] に依存しない量として，電流

密度 J〔A/cm^2〕という値が用いられることが多い。単位を見れば明らかなように，電流密度 J は図 8.8 におけるある断面の単位面積当りの電流値であり，電流密度 J〔A/cm^2〕に断面積 S〔cm^2〕をかけることによって，電流値 I〔A〕が得られる。すなわち

$$J = p \cdot v_d \cdot q \quad \text{〔A/cm}^2\text{〕} \tag{8.8}$$

$$= q \cdot p \cdot \mu_p \cdot E \quad \text{〔A/cm}^2\text{〕} \tag{8.9}$$

式 (8.8) ～ (8.9) はドリフト速度 v_d を式 (8.6) を使って電界 E で書き換えたものである。いわば，電流（密度）は，キャリヤ濃度，移動度，電界の各値に比例するということを示した式である。

さて，上記例ではホールのみをキャリヤとする半導体を例にとって，電流（密度）の式を示すことができたが，これを適用すればキャリヤとしてホールと自由電子を両方有する一般の半導体のドリフトによる電流密度の式は，下記のように表すことができる。

$$J_{drift} = q \cdot (p \cdot \mu_p + n \cdot \mu_n) \cdot E \quad \text{〔A/cm}^2\text{〕} \tag{8.10}$$

8.4 拡散現象とそれに伴う電流

電流が生じるもう一つの要因がキャリヤの拡散である。1.3 節で述べたように，電車の中の「ヒト」でもホットコーヒーの中の「砂糖」でも，時間経過とともに混雑したほうからすいているほうへ，あるいは濃度の濃いほうから薄いほうへ移動していき，最終的には混雑度合い，すなわち濃度が均一になっていく。キャリヤとなる荷電粒子もその例外ではなく，**図 8.9**（a）に示したようにその濃度が不均一の場合，拡散によってそれは図（b）に示すようにいずれ均一になる。その拡散過程でのキャリヤの動きが電流として検知され，これは前節ドリフト電流に対して**拡散電流**と呼ばれるものである。

さて，ヒトはともかく，砂糖や荷電粒子それ自体は，すいているほうを自ら察知して，その方向に積極的に動くというわけではない。**図 8.10**（a）に示すように，ランダムな熱運動が拡散の起源であり，各粒子はそれぞれ自由に振る

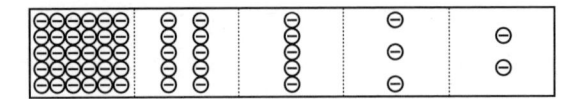

(a) 初期状態

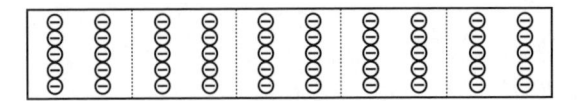

(b) 最終状態

図 8.9 拡散と拡散電流

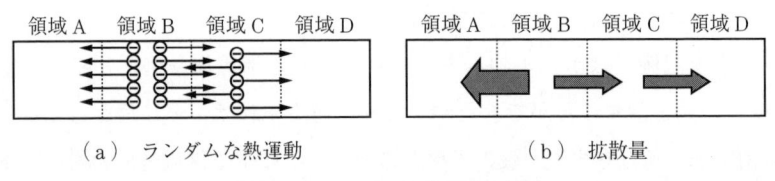

(a) ランダムな熱運動　　　　(b) 拡散量

図 8.10 ランダムな熱運動と拡散

舞っているのだが，その数の多いほうから動く量が，少ないほうから動く量に比べて多くなることから，それらを相殺した結果として数の多いほうから少ないほうへ移動しているように見え，これが濃度が均一になるまで続く．さて，この図 8.10 (a) は，図 8.9 (a) を部分的に抜粋したものでもあるが，これに基づいて拡散現象を詳細に考えてみよう．いま，図 8.10 (a) に示したように，領域 B と領域 C にそれぞれ 10 個と 5 個の電子が存在し，それ以外の領域には電子がないものとする．各電子は熱によってランダムに運動するから，B から同数の電子が左右の A と C に動いていく．同様に，C からも，左右の B と D に同数の電子が動いていく．結果として，B-C 間の電子の流れを見てみると，B から C へ拡散が生じたと見ることができるのである．もちろん，全領域濃度均一になったら熱運動が止まるというわけではない．個々の粒子を見てみれば，相変わらずランダムに運動し続けている．ただ，その場合は各領域から動く電子の数が等しいため，この場合の相殺した拡散量は「0」と見えるだけの話である．

さて，図 (b) の他の領域を見てみると，矢印で示したように A と B の間で

はBからAへ，C-D間ではCから
Dへ拡散が生じることがわかるが，
その拡散量（図中矢印の太さで示し
た）は，図（a）からわかるように，
それぞれの領域の電子数（濃度）の
差に比例する。それをまとめると，
表8.1のようになる。

表8.1　各領域の電子濃度と拡散量

領　域	A	B	C	D
電子濃度	0	10	5	0
濃度差		10	5	5
拡散方向		←	→	→
拡散量		5	2.5	2.5

　さて，上記結果を基に，これを定式化してみよう。濃度差によって，単位面積，単位時間当り流れる拡散量，すなわち電子の個数をj〔$cm^{-2} \cdot s^{-1}$〕とすると，jはもちろん場所によって異なり，電子濃度n〔cm^{-3}〕の隣との差によってその大きさが決まるから

$$j(x) \propto -\frac{\partial n}{\partial x} \tag{8.11}$$

と表すことができる。すなわち，図8.9（a）をグラフ化した**図**8.11に示すように，ある点での隣との電子濃度に大きな差があるということは，グラフにおけるその点での電子濃度nのx方向に対する微分値が大きいということと同義であり，その微分値に比例して拡散による流れ量が大きくなる。なお，式中負の符号は，電子濃度の微分が正（右上がり）の場合，拡散による流れは濃度の大きいほうから小さいほうへ，すなわち流れが負の向きに流れ，図8.11のような微分値が負（右下がり）の場合は，流れが正の方向に生じることを意味するものである。

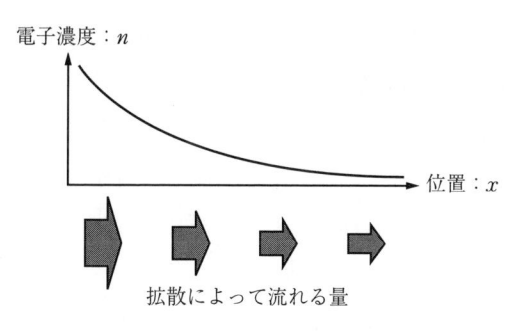

図8.11　場所による電子濃度の違いと
　　　　　拡散によって流れる量

　式（8.12）の比例関係に比例定数を定めれば

$$j(x) = -D\frac{\partial n}{\partial x} \tag{8.12}$$

と書き表すことができる。この比例定数 D を**拡散係数**と呼び，その次元は，cm^2/s となることが両辺から導き出せる。拡散係数 D の値は，$\partial n/\partial x$ を 1（いわば，単位濃度勾配といえるだろう。距離が 1 進んだとき，濃度が 1 増えるという状態である）と置いた場合の，1 秒間に単位面積を通り抜ける電子の個数である j 値そのものとなるから，その電子がどのくらいの動きやすさを有しているかの指標となる。言い換えれば，電車の中で混雑度合いが違う場合，混んでいるところからすいているほうにその集団のうち何人くらいの乗客がある決まった時間内に移動するかという目安となる。もちろん，拡散係数それ自体の値は，その集団がどのようなものによって構成されているかによって異なる。例は若干不適切ではあるが，年配の方々の乗客集団と，中学生くらいのそれとでは，拡散係数が異なるはずである。話を荷電粒子に戻せば，電子とホールではその拡散係数は異なるだろうし，さらに，拡散それ自体が粒子の熱によるランダムな運動を起源にしていることから，温度が低ければ D は小さく，高温状態に置かれた固体中の荷電粒子の場合は大きな D を有するはずである。実際に求められている拡散係数 D の値は，300 K，真性 Si 内における自由電子で 40 cm^2/s 程度，ホールが 13 cm^2/s 程度と見積もられる。

さて，余談ではあるが，ここで，図 8.11 で示されるような濃度勾配による粒子の流れ j〔$cm^{-2} \cdot s^{-1}$〕が存在した場合，x 軸上の各位置での電子濃度 n〔cm^{-3}〕が時間とともにどのように変化していくかについて考えてみよう。**図 8.12（a）**に図 8.11 に示した電子濃度の様子を一部抜粋したグラフを示す。

図に示すように，位置 x_0 における電子濃度は n_0 だが，その左右をよく見る

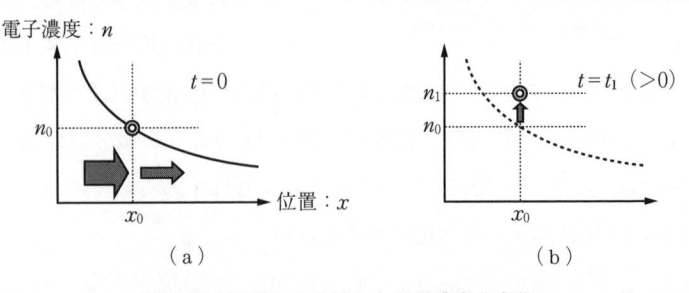

図 8.12 拡散による流れと電子濃度の変化

8.4 拡散現象とそれに伴う電流

と，電子濃度の傾きが徐々に変わっている。つまり，位置 x_0 の左側では濃度勾配が大きく，右側では濃度勾配が小さい。したがって，位置 x_0 に左から流入する粒子数のほうが，そこから右へ流出するものよりも多いことがわかる。したがって，ある時間（t_1 秒）後には，図（b）に示すように，位置 x_0 での濃度は n_0 から n_1 に増加するはずである。この増加量は，流出入の差に等しいので

$$\frac{\partial n}{\partial t} = -\frac{\partial j}{\partial x} \tag{8.13}$$

この式 (8.13) は**粒子保存則**と呼ばれるが，これと式 (8.12) を組み合わせることにより，下記に示す拡散方程式が得られる。

$$\frac{\partial n}{\partial t} = D \frac{\partial^2 n}{\partial x^2} \tag{8.14}$$

一瞬見ただけでは何のことかよくわからず，それがゆえにいろいろとコメントしたくなる式であるが，本筋から脱線するのでここでは紹介にとどめておこう。ただし，ある瞬間の存在分布形状（右辺）を正確に知ることで，将来の様子（左辺）を導き出す（占う？）ことができるという点は，数学・物理系分野に限らずいろいろな分野に応用できそうであることは明記しておきたい。

さて，話題を電流の話に戻そう。式 (8.12) を用いて，濃度勾配による拡散量がわかれば，それに電荷量を乗ずることで電流が求まる。電子濃度を n，正孔濃度を p，それぞれに対する拡散係数を D_n, D_p と置けば，電子の濃度勾配による拡散電流密度 $J_{n/diffusion}$ は

$$J_{n/diffusion} = (-q) \cdot j_n = (-q) \cdot \left(-D_n \frac{\partial n}{\partial x}\right) = q \cdot D_n \frac{\partial n}{\partial x} \tag{8.15}$$

ホールの濃度勾配による拡散電流密度 $J_{p/diffusion}$ は

$$J_{p/diffusion} = q \cdot j_p = q \cdot \left(-D_p \frac{\partial p}{\partial x}\right) = -q \cdot D_p \frac{\partial p}{\partial x} \tag{8.16}$$

とそれぞれ表せる。電子，ホールそれぞれの濃度勾配の正負がどのような向きの拡散電流になるかは，式 (8.15)，(8.16) の符号の違いが示しているので，現象を確認してほしい。

8.5 全電流の式とアインシュタインの関係

これまでの 8.3 節および 8.4 節で，ドリフト電流と拡散電流の式を導き出すことができた。本書冒頭 1.4 節で述べたように，この二つが電流の流れる 2 要素であるから，全電流は以下に示すように，この 2 式を足し合わせればよいことになる。キャリヤがホールだけの場合には，ホール電流密度 J_p のみとなり

$$J_p = J_{p/drift} + J_{p/diffusion} = q \cdot p \cdot \mu_p E - q \cdot D_p \nabla p \tag{8.17}$$

キャリヤが電子だけの場合には，電子電流密度 J_n のみとなり

$$J_n = J_{n/drift} + J_{n/diffusion} = q \cdot n \cdot \mu_n E + q \cdot D_n \nabla n \tag{8.18}$$

となる。式 (8.17), (8.18) では前節で用いていた偏微分記号 $\partial/\partial x$ に代えて，微分演算子 ∇ を用いているが，これは 1 次元の考え方を 3 次元に拡張して記載し，電流密度や電界もベクトル表示したものである。

一般のホール，電子ともに共存する場合の全電流密度 J_{total} は，上記式 (8.17), (8.18) を加えた

$$J_{total} = J_p + J_n = q(p \cdot \mu_p + n \cdot \mu_n)E + q(D_n \nabla n - D_p \nabla p) \tag{8.19}$$

と示されることになる。電気回路で学ぶように，どんなデバイスを含んだ回路でも一定電圧を印加し続ければ，回路上のどの場所でも一様の電流が流れるという法則（キルヒホッフの法則）がよく知られているが，それはあくまで J_{total} から求められる各場所での電流値に場所依存性がないのであって，それを構成している各成分（電流の要因はドリフトなのか拡散なのか，また，キャリヤはホールなのか電子なのか）は場所によって異なっていることに注意すべきである。

これまでの議論で，ドリフト電流には移動度 μ が，拡散電流に拡散係数 D が，それぞれ単位電界下および単位濃度勾配下における各キャリヤの速度あるいは移動数を表すもの，ひいてはそれらの間の比例係数として用いられてきた。μ と D, それぞれの物理量は本来，直接の相関はないはずであるが，いずれも対象となる粒子の動きやすさのバロメータであることには違いがない。前

者は外界から与えられた傾きに対してどのくらいの速度で突っ走るかの指標であり，後者は自分自身がその場所の温度すなわち熱エネルギーによって普段からどのくらいフラフラ移動しているかの指標ともいえる．いわば，その粒子の「尻軽さ」の程度を表していると考えられる．友達から電話がかかってきたらすぐに家を飛び出したり（μが大きい），それがなくても何ともなしに普段から街をうろつく（Dが大きい）などは，同一人物（粒子）が共有する特性であり，何があっても動じない人物（粒子）は，μもDも比較的小さな値を示すものである．

上記μとDとの定量的な関係を示したものが，つぎに示す式である．

$$\frac{D}{\mu} = \frac{kT}{q} \tag{8.20}$$

この式 (8.20) は**アインシュタインの関係**と呼ばれており，右辺の q：電荷素量，k：ボルツマン定数が，それぞれ定数であることを踏まえれば，同一のキャリヤは，温度が一定であればμとDとはつねに一定の比率を有しているということを示している．すなわち，移動度μが大きいキャリヤがあったとすれば，そのキャリヤの拡散係数Dも大きく，μが小さいキャリヤの場合は，そのキャリヤの有する拡散係数Dも小さいということを意味している．また，温度Tによってその比率が変わることも式 (8.20) には明示されている．温度上昇が，拡散にはプラスに，ドリフトにはマイナスに働くであろうことは，本章前半の内容をよく理解していれば明らかであろう．

8.6　ま　と　め

本章では，存在しているキャリヤが動くことによって生じる電流値を定式化してきた．キャリヤを動かす機構はドリフトと拡散の二つがあるが，前者は電界による粒子の加速，後者は本来粒子が持つ熱運動がその起源となっている．おのおのを各現象と結び付ける比例係数である移動度μ，拡散係数Dを示すとともに，それらを使って，キャリヤの速度，流れ量が，電界，濃度勾配に比例することを学んだ．

9 電磁気学の教えるところ
—— ポアソン方程式 ——

　この章では，これまでの話の流れからいったんそれて，この本の読者ならばすでに高校時代にその一部に触れ，大学の入試範囲にも設定され，慣れ親しんでいるであろうはずの電磁気学の内容について，ちょっとだけ立ち寄ろう。もっともこの本の目的は，電子物性工学に始まり電子回路へとつながる大学の電子工学分野の理解にあるので，そのために必要な知識のみを電磁気学という壮大な学問分野からほんの一部だけを拝借するというのが，この章の意義を表す適切な表現かもしれない。そしてそのゴールは，半導体中のキャリヤの動きを，滑り台の上に載った粒子として考えることのできるエネルギーバンド図の傾き方，曲がり方を理解することにある。

9.1　電磁気学の教えるところ

　2 章で述べたように，クーロン力と万有引力（重力）とは通常考える距離のスケールが異なるだけで，本質的には同じような特徴を有している。違いは，その影響を普段実感するか否かの差でしかないが，この差が，それぞれの理解度に大きな違いをもたらしている。質量 m の物体が地球の質量 M との万有引力によって足に到達した際の痛みは，誰もが経験することであるが，電荷 q を持つ物体が別の電荷 Q を持つ物体とのクーロン力によって顔面にぶち当たるという経験は，著者を含めた読者のほとんどは有していないはずである。クーロン力が及ぼす現象としては，せいぜい下敷きで髪の毛をこすったとき髪の毛が逆立つくらいであり，そこに力の存在を意識することはまずない。それだけに，電位，電位差，電界といった言葉を，その意味をよく理解しないまま問題を解く道具としてしか扱っていないことが多いのは，ある意味仕方がない面もあるものの，非常に残念なことである。

9.1 電磁気学の教えるところ

　本書冒頭の図1.5に示したように，電位差が与えられた場における荷電粒子の運動は，力学的な滑り台の上に置かれた球の運動と同様に考えることができる。すなわち，電位，電位差，電界といった言葉を，力学的な運動における，標高，標高差，勾配という言葉に置き換えて考えれば，荷電粒子の運動は直観的に理解できるものとなるはずである。

　では早速，直前の8章で学んだドリフト電流がn型半導体中で流れる様子を，電磁気学的に考えてみよう。**図9.1**に示したように，電位差 V が与えられたn型半導体中のドリフト電流 I は，多数キャリヤである電子が電流とは逆方向の正極側に移動することによって生じる（図 (a)）。この電子の動きを力学的な粒子の運動のように可視化すれば，図 (b) のような坂道を転げ落ちていくように表現できる。伝導体に存在する自由電子が，その伝導体自体の傾きによって，正極側に引き寄せられることを示した図である。

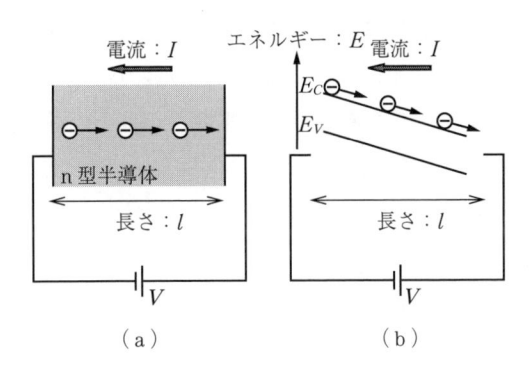

図9.1 n型半導体中のドリフト電流とバンド図中でのキャリヤの動き

　実は本書ではこれまでにも，図1.5だけでなく図5.7，図5.11，図8.3，図8.6などで電位差が与えられた領域内での荷電粒子の移動を，このような坂道で表現してきた。つまり

> 長さ l における電位差 V が電界 V/l を生じさせ，**負電荷が正極側に移動する**

ことを

長さ l における標高差が傾きを生じさせ，粒子が下側に落ちていく

ように表現してきた．我々の幼児体験に合致するこのような表現の仕方がエネルギーバンド図なのである．なお，これまでの坂道の表現ではあえて統一していなかったが，エネルギーバンド図という限り，その図はエネルギーを表しているはずである．実際に図（b）の縦軸はエネルギーを表しているが，本学問分野において用いられるエネルギー値は eV 単位（$1\,\text{eV} = 1.6 \times 10^{-19}\,\text{J}$）で表現されることが多い．これは，対象としている荷電粒子が通常，ホールあるいは電子であり，一般に，これらが有する電荷量（$+q$ あるいは $-q : q = 1.6 \times 10^{-19}\,\text{C}$）に存在する場所の電位（V）を乗ずることで，これらが基準位置（0 V 地点）に存在したときに対する相対的なエネルギー値（J）が得られるが，この eV 単位で表現したエネルギー値は，その数値自体が存在する領域の電位そのものをも表すからである．

さて，図9.1（b）に示したエネルギー図の左右の電位差（標高差），電界（傾き）を生じさせている要因について考えてみよう．もちろん，それは回路に接続されている起電力 V を有する直流電源だが，その電源を含めた回路全体を詳細に考えてみる．電源自体のエネルギー源としては，（1）機械的エネルギー，（2）光エネルギー，（3）熱エネルギー，および（4）化学エネルギーなどが考えられ，それぞれの電源のエネルギー源によって，（1）発電機，（2）太陽電池，（3）熱電対，および（4）電池などの電源自体の名称が与えられているが，ここでは実生活に一番身近な（4）の原理を用いて日常使いやすくした乾電池を，この回路の直流電源の例として考えていくことにする．電池は本書の最初の図（図0.1）において，「電気」なるものがプラス極に，あるいは「電子」なるものがマイナス極に（図1.1あるいは図1.2）あるものとして描いてきたが，実際には，**図9.2**に示すようなプラス極には「＋電荷」が，マイナス極には「－電荷」が，それぞれ等量存在するものと考えられる（著者のはるか昔の経験では，実際の乾電池の構造はプラス極である心棒がもっとずっと長かったような気がする…し，また，図中の電荷数が少なすぎるのも著者はちゃんと認識している…が，とにかくここでは，等量の逆極性の電荷が各極に

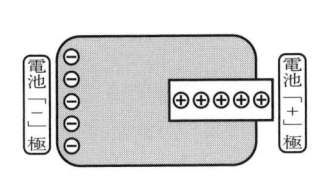

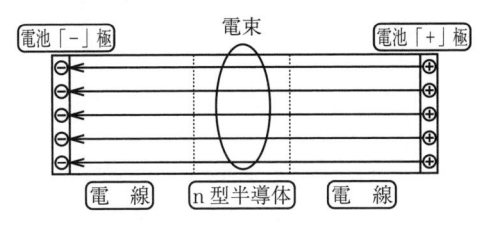

図9.2「電池」のイメージ　　**図9.3**　電池, 電線, n型半導体の接続と電束

存在するということをイメージとして描いた)。「電池の原理」を学んだ方も多いと思うが，電流を流すことにより電荷が減少すれば，化学反応が進み電荷が供給されることによって各電荷が当初の数，維持されている（もちろん，電流を流し続け化学反応するモノがなくなれば，それで電池切れ：すなわち各電荷はそれ以上供給されず，電荷数は減っていく一方である）。

さて，この電池のイメージを加えて，図9.1(a)，すなわち各極につながる電線，および対象となるn型半導体全体を**図9.3**に表してみよう。この図では，電池自体のプラス極とマイナス極を引き裂いて，それぞれを左右に独立して描いている。なお，簡単のため，電池を起点・終点とした閉回路すべての断面積は同一としている。ここで，電磁気学で学ぶ知識をこの図に付加してみる。すなわち

　電束：+1Cから1本の電束が放射され，-1Cの電荷に終端する(単位：C)
　電束密度 D：単位面積当りの電束の本数を表すベクトル（単位：C/cm^2）

という定義を前提に電束を図9.3に付加してみた。この図でも示されているとおり，電束はそれが通る領域の物質にまったく影響を受けず，プラス電荷とマイナス電荷を過不足なく1対1に対応させた線である（図では，実際とは異なり，各+，-の電荷を±1Cと仮定して電束を描いた。本来の電荷素量±qを前提とするならば，$1/1.6 \times 10^{-19} = 6.25 \times 10^{18}$個の電荷が集まって，ようやく電束1本が描けることになろう）。この場合の電束は5Cとなり，図9.3に示した電線やn型半導体の断面積を仮に$1 cm^2$とすれば，電束密度Dの大きさは電線中でもn型半導体中でも$5 C/cm^2$と表現できることになる。

一方，電束密度Dと電界Eとの間には

$$D = \varepsilon_0 E + P \tag{9.1}$$

あるいは

$$D = \varepsilon_0 \varepsilon_r E \tag{9.2}$$

(ただし，ε_0：真空の誘電率，ε_r：物質の比誘電率，P：物質の分極ベクトルである）という関係がある．これらの式からいえることは，電荷の分離，すなわち分極がしやすい物質（これを**比誘電率** ε_r が大きい物質と呼ぶ）ではその分物質内での電界 E が小さくなり，図 9.3 に示したような，電池の正極と負極間で挟まれた各種物質で構成された同一の電束密度 D を持つ領域でも，それぞれの領域に現れる電界 E は，上記同一の D を $\varepsilon_0 \varepsilon_r$ で割った値になるということである．実際，ε_r の値は

半導体（Si を例にとると）：$\varepsilon_r = 11.8$

電線（金属一般）：$\varepsilon_r = \infty$

であり，各領域の E を示すと，**図 9.4** のようになることがわかる．すなわち，電線も半導体も電池「＋」極から「－」極に至る全領域で同一の D を有するものの，それを無限大で割り算することになる金属内部の電界 E はどこでも 0 となるのである．

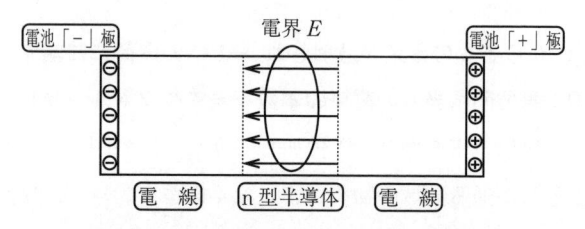

図 9.4 電池，電線，n 型半導体中の電界 E

さて，この図 9.4 を違う見方で見てみよう．8 章冒頭でスキー場リフトの例を挙げたが，今回は，リフトを降りた後のコースマップ（上空から見た図）としてである．矢印はゲレンデの傾斜を示しており，矢印の本数が多ければ多いほど急斜面である（現在，著者の手元にある複数のスキー場コースマップでは，斜度に応じて色分けされているものが多いが…）．図 9.4 をこのような見

9.1 電磁気学の教えるところ

方をすれば，読者の方々は，この「電線-n型半導体-電線」で構成されているスキー場が，どんな斜面になっているか容易に想像ができるであろう。このコースマップを見た読者の方々の頭の中には，図9.5のようなn型半導体部分だけが急斜面のゲレンデ（を真横から見た図）がイメージされるはずである。

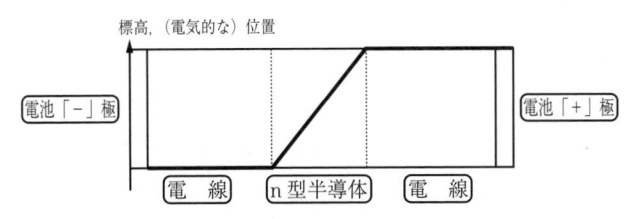

図9.5 「電線-n型半導体-電線」で構成されるスキー場？の断面図

さて，ここでスキー場から離れて，再び頭を電磁気学に切り替えると，図9.5の縦軸は，各場所の「電」気的な「位」置，すなわち「電位」を表していることになる。図9.4のコースマップ（電界E）から，図9.5の斜面形状（電位Ψ）を想像するという操作は，数学的には積分操作に対応している（頭の中で図9.4から図9.5をイメージできる読者の方々は，実は，頭の中で積分操作ができているのである！）。数学的に描けば，図9.6の上下に示したように，電界Eを積分して負の値をとれば電位Ψが得られるというものである。読者の方々には，逆の操作，すなわち，電位Ψのグラフの各点の傾き値の正負を逆にしたもの，すなわち微分操作して負の値をとったものが電界Eとなると

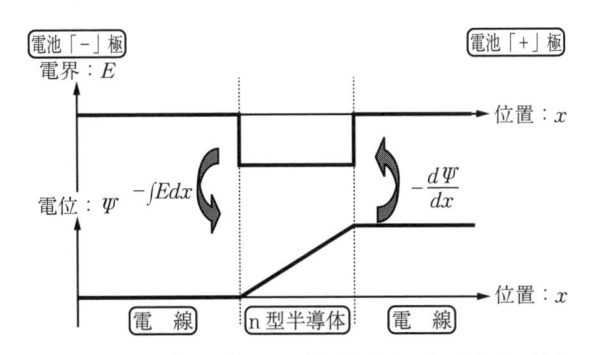

図9.6 電界E（図9.4）から電位Ψ（図9.5）を求める演算

いう見方のほうが慣れているかもしれない。上記を数式で表せば

$$\Psi = -\int E dx \tag{9.3}$$

あるいは

$$\frac{d\Psi}{dx} = -E \tag{9.4}$$

となる。上記二つの式を読み解けば，単に「電位 Ψ の傾きを電界 E と呼ぶ」ということをいっているに過ぎないのだが…。ただ，一つだけ疑問がわくとすれば，それは両式に負の記号「−」が付いているということであろう。スキー場コースマップ（図9.4）およびその断面図（図9.5）からはそんなものを付ける必要性をまったく感じないが，これはいままで慣れ親しんだ数学的定義による。つまり，数学での傾きは，位置 x の増加に伴い，関数値（標高）が増加して（上って）いる場合を傾きが正と表現してきているが，スキー場で我々が体感する感覚は，上から下に落ちることを前提に傾きの程度を表現する。電界は勾配と読み変えることで理解しやすくなると前述したが，電界の考え方もスキー場の勾配と同じように，電位が落ちていく向きを正にとる。図9.6下部に示したn型半導体中のように，x 軸に沿って＋側に進んでいくことにより斜面（電位）がどんどん上っていくような領域は，したがって電界は負の値を示すことになるのである。

　なお，数学的厳密性を求める読者には，式(9.3)あるいは図9.6に対して，積分定数 C はどうなっているのか？と疑問を持つ方がいるかもしれない。要するに，電位 Ψ を電界 E の積分で求める際には，積分定数 C を加える必要があるというわけである。そのとおりである。では実際，積分定数 C を仮に100とでもして，図9.6下部を描き直してみよう。その結果はただ単に，このグラフ全体を上方向に100だけずらすことになる。これまでの流れで我々が行ったことは，図9.4に示した勾配（電界）情報だけを基に，頭の中で，あるいは積分操作を使って，図9.5のような斜面（電位）の形状を求めたものである。この斜面（電位）の絶対的な標高（値）を知るための情報は与えられていない。つまり，この斜面（電位）が，富士山のてっぺんに設けられたのか，はたまた

(いまはもうなくなってしまったが)湾岸地帯にある人工スキー場のものであるのかといった,基準となる標高(値)は,勾配(電界)情報だけではわからないのである。その絶対的な標高(値)を,他の条件(**境界条件**と呼ばれる)から導き出された結果と矛盾しないように調整する役割を,積分定数 C は担っているのである。

9.2 ポアソン方程式を使った解析例

前節で示したように,分離された+-の電荷間に1C当り1本の電束が発生し,単位面積当りの電束の本数である電束密度 D から,各物質の誘電率である $\varepsilon_0 \varepsilon_r$ 値($=\varepsilon$ と置く)で割ることにより,電界 E が求まり,それを積分することで電位 Ψ の形状が求められるというのが我々が電磁気学から得ることのできる一つの結論である。このことが理解できれば,(1次元の)**ポアソン方程式**として知られる

$$\frac{\partial^2 \Psi}{\partial x^2} = -\frac{\partial E(x)}{\partial x} = -\frac{\rho(x)}{\varepsilon} \tag{9.5}$$

なる関係は,読み解くことが可能であろう。右側の等号は,電荷から電界を求める際の関係を示しており,左側の等号は,電界から電位を求める際の関係を表している。もちろん式 (9.5) は,上記説明,すなわち電荷 ρ →電界 E →電位 Ψ と求める過程とは逆の過程,すなわち,電位 Ψ →電界 E →電荷 ρ と求める際にも適用できる。以下で,実際にこのポアソン方程式を用いて,平行平板コンデンサを例にとり,電荷,電界,電位の関係を導いてみよう。図9.7にその例を示す。図に示すように,図(a)および図(b)は同サイズのコンデンサであるが,それぞれ,極板間が真空および比誘電率 ε_r が3の誘電体を挟み込んだものである。図(a)′および図(b)′はそれぞれ図(a)および図(b)にある電荷をグラフ化したものであり,各極板上の電荷量を縦軸に描いている。具体的には,図(a)に対して図(b)には3倍の電荷が各極板上に存在している。さて,ここから式 (9.5) を用いるために,図(a)′および図(b)′の縦軸

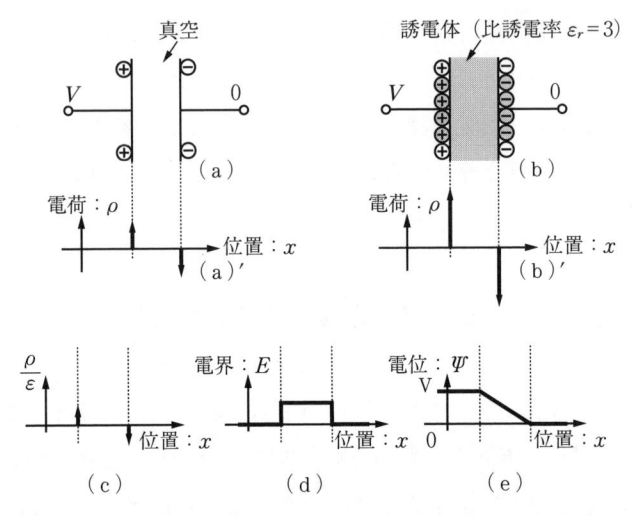

図9.7 平行平板コンデンサを例にしたポアソン方程式の解析例

を ρ/ε で描き直したグラフを図（c）に示す。偶然にも（というより，そうなるように比誘電率と電荷量を設定したのだが）両者は同じ図（c）のグラフになっている。ここまで来れば，あとは式（9.5）を適用するだけ，言い換えれば，図9.4から図9.5への過程をたどるだけである。すなわち，図（c）に示されたプラス電荷からマイナス電荷へと向かう電界が図（d）に表されており，この一定電界（勾配）を持った各点の電位（ゲレンデの断面図）が図（e）となる。もちろんここでの絶対的電位は定まらず，積分定数 C の任意性は残るが，とりあえず右側極板の電位を0とする境界条件の下でのグラフを図（e）としている。

この例で大切なことは，真電荷（取り出すことのできる電荷）は正負極板にそれぞれ図（a）では2個ずつ，図（b）では6個ずつあるが，図（b）におけるそのうちの4個ずつは誘電体内部の分極によって生じる分極電荷によって相殺され，結果として電界を生じさせる電荷は図（b）でも図（a）と同様，正負極板上に2個ずつしか残っていないということである。したがって，図（a）も図（b）も極板間電界は図（d）のように同一であり，結果として得られる極板間電位差も図（e）のように同一値 V となる。逆のアプローチをたどれ

ば，極板間が真空のものと誘電体を挟み込んだ各コンデンサでは，同じ電位差 V を与えた際には，電界と ρ/ε の分布形状は同一になるものの，極板にたまる電荷密度 ρ は，ε の値に比例するのである。コンデンサの容量値の式 $C=\varepsilon(S/d)$ には，上記のような意味が含まれているのである。

9.3　平行平板コンデンサのエネルギーバンド図表現

　図 9.7（b）に示した，誘電体を挟み込んだ平行平板コンデンサの模式図を，そこに使われている各材料のバンド構造を用いて表してみよう。使われている材料は，配線・極板に用いられている金属と極板間に埋め込まれた誘電体（絶縁体）の 2 種類である。4.3 〜 4.4 節の段階では，金属は物質 A として，絶縁体は物質 C としてそれぞれバンド構造が描かれており，それぞれを組み合わせてコンデンサ構造としたもののバンド図を**図 9.8** に示す。図 4.1 で議論したように，電流が流れる条件は，移動するもの（電子）と移動する先（空席）が同じエネルギーレベルで共存していることであった。絶縁体を金属で挟み込ん

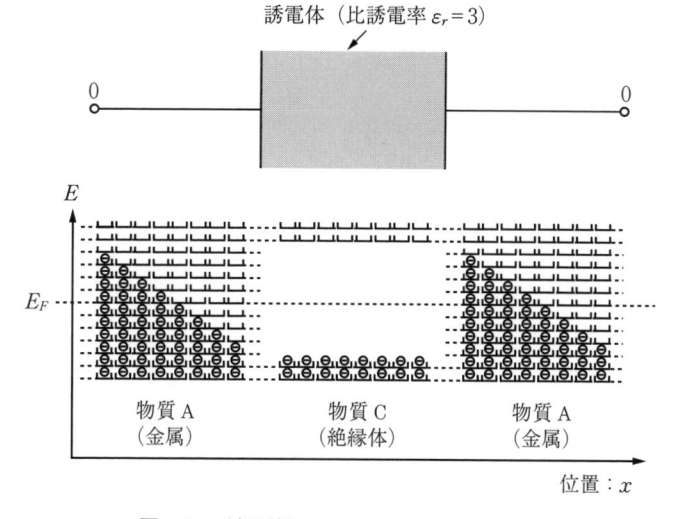

図 9.8　平行平板コンデンサのバンド図表現

だサンドイッチ構造をしているコンデンサの場合，一般には，金属内で電子が動けるエネルギーレベルには，絶縁体内には座席が存在せず，金属，絶縁体ともに座席が共存するエネルギーレベルでは，エネルギーの高い上部ではすべてが空席，下部では満席となっており，金属中を移動してきた電子は絶縁体を通り抜けることができないことがわかる。

さて，この図9.8を，図5.10で用いた描き方を用いて簡略化したものを**図9.9**に示す。簡略化といっても，一般的にはこの形態で描かれることが多いが，注意すべきことは，金属にはキャリヤが多すぎるのでそれは省略されていて，1本の線（フェルミレベル：E_F）だけが描かれている。こう描くと，図9.8上部に示した模式図と本質的な差異がないように見えるが，あくまで図9.9の縦軸は電子のエネルギーを示したものであり，図9.8下部に示したキャリヤおよび座席の様子を表したものであることを忘れないようにしたい。

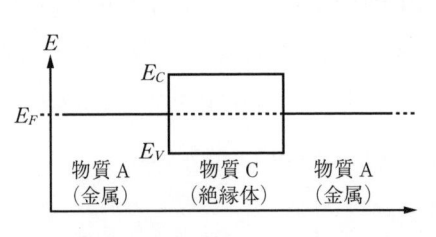

図9.9 平行平板コンデンサの一般的バンド図表現

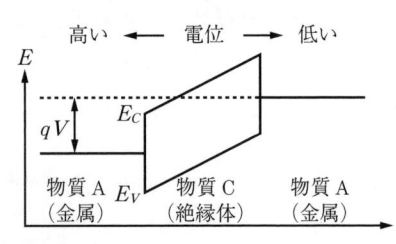

図9.10 平行平板コンデンサに電圧 V を印加した場合のバンド図

図9.8，図9.9に描いたコンデンサのバンド図は，しかしながら，左右極板に電荷は蓄積されておらず，したがって左右極板間の電位差も0の状態を示したものである。**図9.10**には，実際に図9.7のように電圧 V を与えた場合のコンデンサの簡略化したバンド図を示す。具体的には，図9.9のエネルギーを図9.7（e）に示した各 x 座標の電位形状で曲げてやればよい。ただし，縦軸は電子のエネルギー（$=-qV$）であるから，電位形状を上下を逆さまに曲げてやることになる。結果として得られるバンド図は，図9.10のように電位が高いほうが下に，電位が低いほうが上に位置することになる。

9.4 各種電荷分布によって生じる電界・電位差

ここでは、これまでの仕上げとして、各種電荷分布を例として挙げ、それらの状況下で生じる電界、電位を式 (9.5) の 1 次元ポアソン方程式から導出してみることにする。もちろんスキー場コースマップ（図 9.4）からスキー場の断面形状（図 9.5）を予想する過程も併記することにし、理解をさらに深めよう。

9.4.1 電荷分布の例（1）

図 9.7 に示した平行平板コンデンサの例では、等しい数のプラス電荷およびマイナス電荷は、x 軸上である距離はなれたところにそれぞれ集中して存在していたが、ここでは、図 9.11（a）に示すように、プラス電荷はある x 座標上に集中、それに隣接したマイナス電荷は広がって均一の密度で分布しているような系を最初の例として挙げる。もちろん、プラス電荷とマイナス電荷は等量存在している。プラス電荷からマイナス電荷に向かう電束を描けば、それが等しい ε を有する均質媒質中を通り抜けるという前提では、図（b）に示すよう

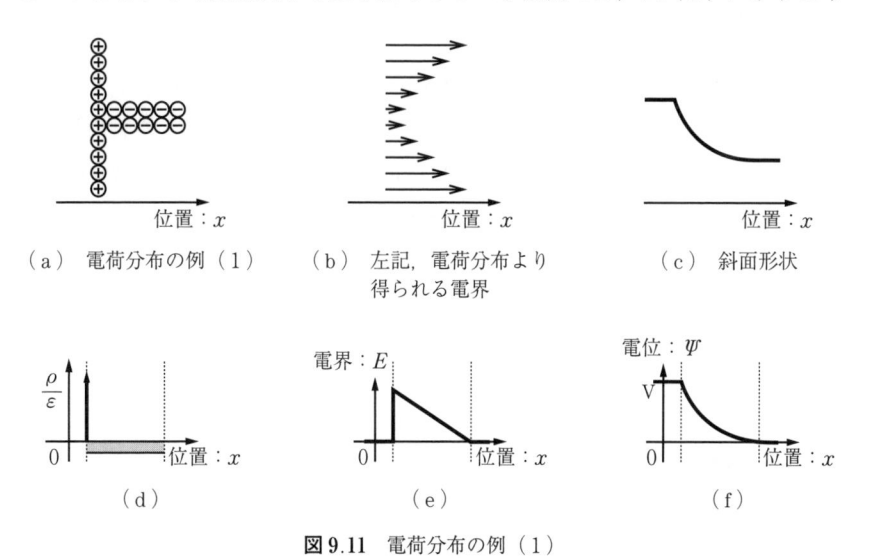

(a) 電荷分布の例（1）

(b) 左記、電荷分布より得られる電界

(c) 斜面形状

(d)

(e)

(f)

図 9.11 電荷分布の例（1）

にそのまま電界を表すベクトルとなる．図(b)を空から見たスキー場のマップと捉え，各x座標における矢印の本数が，それぞれの場所での勾配を表しているものと考えれば，このスキー場の斜面形状は，図(c)に示したような形状となることが容易に理解できるだろう．x座標を正側に向かうにつれて，まったく矢印のなかった状態から，突然10本の矢印が発生し，その本数が徐々に減少していくのだから，平坦なところから，突然急斜面で落ちていき，徐々にその斜度が減少していく斜面形状を表すことになるのである．

さて，図(a)から図(c)までの流れを1次元ポアソン方程式を使い，グラフを用いて数学的に導出してみよう．図(d)は図(a)の電荷存在の様子をグラフ化したものであり，図(e)は図(b)の電界の様子を，図(f)は図(c)に示した斜面形状を電位として書き写したものであるが，図(d)→図(e)→図(f)と進んでいく過程は，式(9.5)のポアソン方程式に従った積分演算をした結果である．なお，図(a)，(b)だけは，理解を助けるため負側の電荷を離散的な分布で描き，それに対応するように矢印を描いていることに注意してほしい．実際の電荷分布は図(d)に示したように均一の密度で存在しているので，それに対応する電界は階段状ではなく一定の傾きで減少していくのである．

この結果と，図9.7に示した平行平板コンデンサの場合とを比較してみれば明らかなように，電荷が広がって分布している場合は，電位形状の傾きが一様ではなくなるということがわかる．電位の傾きがその場所での電気力線の本数なのだから，空間的に分布して存在する負電荷によってその本数が徐々に減少していくこの例では，徐々にその電位の傾きが減少していくことになる．

なお，このような電荷の分布，それに伴う電位形状は，11章で示すようにある条件下における金属-半導体接触において見られる例として知られている．

9.4.2 電荷分布の例(2)

つぎに，図9.12(a)に示すような，同数のプラス電荷およびマイナス電荷が隣接して，ともに広がって均一な密度で分布しているような系を例として考

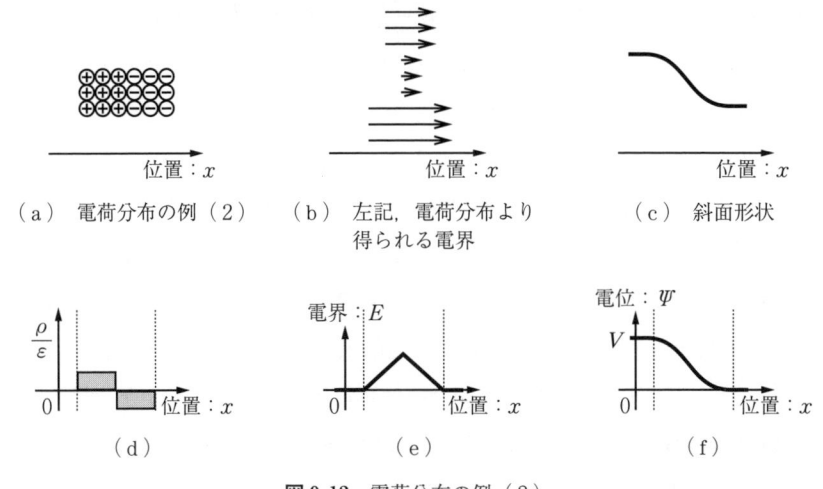

9.4　各種電荷分布によって生じる電界・電位差

（a）電荷分布の例（2）　　（b）左記，電荷分布より得られる電界　　（c）斜面形状

（d）　　（e）　　（f）

図 9.12　電荷分布の例（2）

えてみよう．図 9.11 と同様に，プラス電荷からマイナス電荷に向かう電束を描けば，一様な誘電率 ε を持つ均質な物質中では図（b）に示すように，それがそのまま電界を表すベクトルとなる．もっともこの場合，プラスからマイナスに向かう矢印は，図のような描き方以外にもプラスマイナス同士の各電荷のいろいろな組合せがあり得るが，どのような描き方をしても，各 x 座標における矢印の本数という点では，プラス電荷とマイナス電荷との境界部が 9 本と最も多く，左右に向かうに従ってその矢印の本数は少なくなっていくことに変わりはない．各 x 座標における矢印の本数がその座標における勾配を表しているので，斜面はその境界部で最も急になり，そこから左右に向かうにつれてその斜度は徐々に緩やかになっていくような形状（図（c））になることが予想されるであろう．つまり，x 座標を正側に向かうにつれて，最初平坦だった斜面が徐々に急になり，最も急になった後で再び徐々に斜面がなだらかになり，いずれ平坦になるような形状といえる．

さて，この例でも同様に，図（a）から図（c）までの流れを 1 次元ポアソン方程式を使い，グラフを用いて数学的に導出してみよう．図（d）は図（a）の電荷存在の様子を図 9.11 と同様にグラフ化したものであり，図（e）は矢印

をどんな組合せで描いたとしても結果として一義的に得られる図（b）の電界の様子を，図（f）は図（c）に示した斜面形状を電位として書き写したものであるが，図（d）→図（e）→図（f）と進んでいく過程は，ここでも式（9.5）のポアソン方程式に従った積分演算をした結果になっていることを確認してほしい。高校で学んだ数学の知識を思い出せば，図（d）定数関数，図（e）1次関数，図（f）2次関数によってそれぞれ構成されているが，最高次数の係数の正負が図（e）と図（f）とで逆転していることも含めて，この過程が式（9.5）の1次元ポアソン方程式を踏まえた結果であることが理解できよう。

さて，図9.7の平行平板コンデンサでは正負両電荷それぞれがx座標の1箇所に集中しており，図9.11の例ではそこから負電荷の存在位置だけがx方向に広がって分布していたものであった。今回図9.12の例では，正負両電荷ともに広がって分布していた結果であるが，それぞれの結果として得られる電位（斜面）形状が，電荷の分布形状に大きく依存して変化していることがわかるであろう。電荷が集中して存在している場合，そこから発生あるいは終端する矢印の本数は一気に変化するため，電位の傾きが急激に変化することになる。これまで，理解しやすい力学的表現を借用してあえて「電位の傾き」あるいは「勾配」「斜度」などと表現してきたが，もちろんこれは「電界」のことであり，「電界」が変化するためには必ず正負どちらかの電荷が存在していなければならず，その変化量と電荷量とが比例しているのである。何度も繰り返して恐縮だが，式（9.5）の1次元ポアソン方程式の右側の等号は，まさにそのことを数式を使って表しているにすぎない。

図9.12の例は実際，つぎの10章で述べるp型半導体とn型半導体とをくっつけたpn接合において見られる電位形状であり，まさにこの電位形状がダイオードとして用いた場合の電圧-電流特性の整流性や，太陽電池として用いた場合の各種特性を決めているのである。

9.4.3　電荷分布の例（3）

最後の例は，**図9.13**（a）に示すように，プラスマイナスの等量の電荷が存

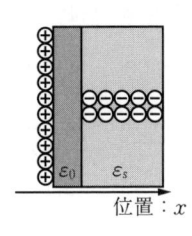

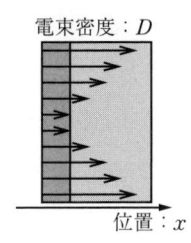

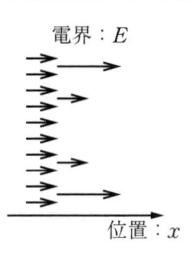

9.4 各種電荷分布によって生じる電界・電位差

（a）電荷分布の例（1）　（b）左記，電荷分布より得られる電束密度Dと電界E

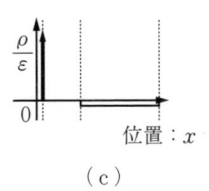

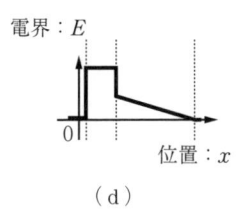

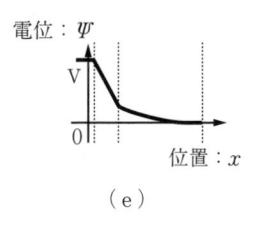

（c）　　　　　　　　　（d）　　　　　　　　　（e）

図 9.13　電荷分布の例（3）

在し，プラス電荷は集中，マイナス電荷は広がって分布しているが，それらプラスマイナスの電荷がある距離だけ離れて存在しているようなケースを取り上げる。さらに，図に重ねて描いたように，プラスマイナスの電荷間の領域と，マイナス電荷の分布している領域とでは物質が異なり，よって，その二つの領域では誘電率εが違う，ε_0とε_s（ただし$\varepsilon_0 < \varepsilon_s$とする）である場合を考えてみる。あえてこのような複雑な設定をしている理由は，これが実際に**MOS構造**として使われているものであり，パソコンや携帯電話などに必須のデバイスの心臓部として多用されていることによる。

　図 9.13（a）の電荷分布から図（b）左図の電束を描く過程は，これまでと同様，そのままプラスマイナス各電荷を結び付ける矢印を描いたものである。ただし，図 9.11，図 9.12 では，いずれも等しいεを有する均質媒質中であったので，電束の矢印がそのまま電界を表すものとして取り扱えた。しかしここでは，領域によって誘電率εが異なるという設定なので，電界を表す矢印の本数は領域が変わると変化が生じる。具体的には，図（b）右図に示したように，マイナス電荷が存在している誘電率ε_sの領域内に入ったとたんに，矢印の本

数がある割合（$\varepsilon_0/\varepsilon_s$）で減っている。式 (9.1) にその説明を頼れば，大きな誘電率（ε_s）を有する領域では，大きな分極 P の存在によって，電束密度 D のうちの電界 E の取り分を少なくするのである。結果として得られる斜面形状は，図 (e) に示したように，誘電率 ε_0 の領域ではどこも一様の本数の矢印であるから一定斜度の傾きとなり，マイナス電荷が広がって分布している誘電率 ε_s の領域に入ると，その傾きが突然なだらかになり，そのまま徐々に平坦になっていくような電位形状を示すのである。

　式 (9.5) の 1 次元ポアソン方程式では，図 (c) に示したように ρ/ε の値が，電荷の存在する領域の誘電率 ε によって変わることから，プラス電荷部分を全領域積分した値とマイナス電荷を全領域積分した値との絶対値が異なることになる。その差が，図 (d) における境界での電界 E のギャップとなり，図 (e) の傾きが境界部で急激に変化することになる。

9.5　ま　と　め

　以上 9 章では，電荷が離れて存在した場合に形成される，電界・電位の形状について，電磁気学の知識を借用し説明してきた。ここで示された電位形状は，それらに $-q$ を乗ずることでエネルギーバンドの形状となる。この章の議論を十分に理解した上で，次章以降の各種半導体デバイスの動作理解につなげていただきたい。

10 pn 接合ダイオードとその電気特性

電子回路や電子物性など，高校から大学の電気電子系学科に進学した普通の学生が初めてお目にかかる科目で最初に出てくるデバイスがダイオードであろう。実はそれ以前にも電気回路など，一般に回路といわれる科目でも理想ダイオードという名称で，その理想的な特性を利用した各種回路には出会っており，そこでは，電流を一方向にしか流さないという特性（**整流性**と呼ばれる）が利用されていた。本章では，ダイオードの現実の特性を示した上で，それ自体がどのような構造を有し，どのような理由でその整流性が得られるのかを理解することを目的とする。

10.1　理想ダイオードの回路図記号・特性とその意味

図 10.1 に電気回路で使われる理想ダイオードの回路図記号とその電圧（V）–電流（I）特性のグラフを示す。後者は通常，日本語表記とは順番を逆にし，英語表記（I-V characteristics）をそのまま訳した I-V **特性**と表現されるのが一般的である。余談であり，なおかつ著者の勝手な想像だが，述語を後に置く我が国の言語体系と，それを先に示す英語の体系との違いが，このようなところにも現れているものと思われる。

さて，図（a）の回路図記号に付加した矢印は，外部から与えた電圧 V をこ

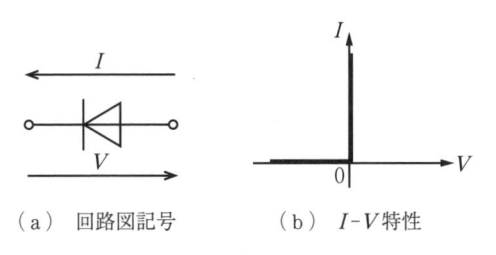

（a）回路図記号　　　（b）I-V 特性

図 10.1　理想ダイオード

の（右）向きを正とした場合に，この（左）向きに流れる電流 I を正としてどれだけ流れるかという関係を定義したものである．したがって，仮に V を $+3$ V とするならば，回路図では左端子を基準に，右端子の電位を 3 V だけ上昇させた状態を意味する．電流は電位の高いほうから低いほうに流れるので，電流 I の矢印の向きが電圧 V の向きに対して逆向きを正にとることは物理的なイメージに合致するだろう．

　上述した向きの定義に従って描いた理想ダイオード I-V 特性図（b）において，「一方向にしか電流を流さない」という整流性は，その縦軸を見れば明らかである．すなわち，図（a）で定義した電流 I の値は，グラフ上では 0 または正の値しかとっていない．数学的にいえば I の値域が 0 以上となり，流れないか，または左向きに流れる電流だけが許されていることになる．右向きに流れる電流は縦軸負値で表されるが，これはグラフ上にないので，整流性があると結論付けられる．一方，グラフの横軸を見ると，図（a）で定義した電圧 V の値も同様に制限があることがわかる．左端子から見た右端子の電位は同じ高さか，もしくは低くなっている場合しかあり得ないということがわかる．したがって，上記矢印の定義の際に示した，「V を $+3$ V とするならば，…」という仮定は成り立たず，数学的に表現すれば「定義域に含まれていない」ということができる．回路的には，仮に $+3$ V の直流電源をダイオードの矢印の向きに与え閉回路を構成してしまうと，理論上は電圧降下素子がないショート回路になってしまうことになる．一方で，-3 V の直流電源を矢印の向きに与え（すなわち，左端子を基準に，右端子の電位を 3 V だけ下げた状態），同様の閉回路を構成すると，グラフの縦軸を見れば「電流は流れない」といえ，横軸を見れば「電源の電圧がすべてダイオードに印加される」と判断できる．

10.2　現実のダイオードの特性例

　一方，図 10.2 に現実のダイオードの I-V 特性の一例を示す．図（a）の特性をおおまかに見れば，正側の電圧領域では電圧はほとんど印加されず電流が

10.2 現実のダイオードの特性例

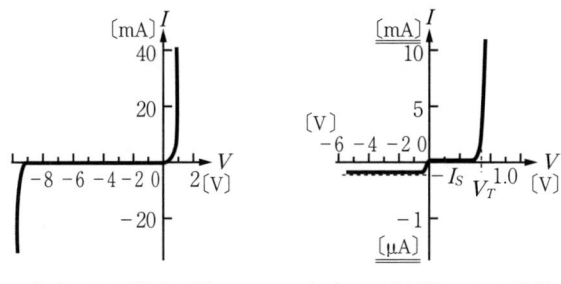

(a) I-V特性の例　　(b) 原点近傍のI-V特性

図10.2 現実のダイオードのI-V特性の例

流れ，負側の電圧領域では（極端に大きな負電圧領域を除けば）電圧はかかるが電流はほとんど流れず，図10.1に示した理想ダイオードの特性は現実のダイオードと比べてあながちずれたものではないことがわかる。このグラフのデータをそのまま原点近傍の特性をクローズアップして示したものが図（b）である。注意してほしいのは，縦軸横軸ともに図（b）では，正負のスケールを変えて特徴を捉えやすくしてあることである。特に縦軸の電流値は，正負で3桁異なる単位で描かれていることに注意してほしい。この図（b）より明らかとなる現実のダイオードの特徴は

(1) 正側の電圧領域（**順（または正）バイアス状態**と呼ばれる）では，ある印加電圧（V_T）以上で急激に電流が増える。

(2) 負側の電圧領域（**逆（または負）バイアス状態**と呼ばれる）では，順バイアスに比べれば無視できる程度ではあるが，実際にはほんの少しだけ，しかも電圧値に依存せず，ほぼ一定値の電流（$-I_S$）が流れている。

ということである。この二つの数値は特に

V_T：**立上り電圧**

$-I_S$：**逆方向飽和電流**

と呼ばれており，種類や材質など，それぞれのダイオードを特徴付けているものである。

10.3 シリコン pn 接合ダイオードの構造とエネルギーバンド図

ダイオードの構造には実はさまざまなものがあるのだが，ここでは最も代表的なシリコン pn 接合ダイオードを取り扱う．これは，シリコンの p 型半導体と n 型半導体とをくっつけた構造をしており，その両端に，素子に電圧を印加し，それに応じた電流を流し込むための金属配線がつながっている．図 10.3 にこのダイオードの回路図記号と対比させた構造図を示す．図（a）に示した回路図記号と図（b）の構造図は向きを合わせて示しており，これまでの整流性の議論より，p 型から n 型方向には電流は流れるものの，n 型から p 型方向には電流が（ほとんど）流れないという特性を有していることになる．

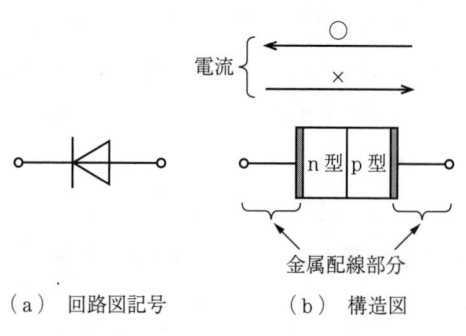

（a）回路図記号　　（b）構造図

図 10.3　シリコン pn 接合ダイオード

まず，p 型半導体と n 型半導体とをくっつけた場合，何が起こるかについて順を追って考えてみる．p 型半導体，n 型半導体，単独では，6 章以降にて詳細に議論し，図 7.1 にてそれぞれのバンド図表現をしてきた．図 10.4（a）に，シリコンの p 型半導体と n 型半導体それぞれが，離れて存在する場合のバンド図をこの図 7.1 から転載する．もちろん，このようなデバイスを我々が利用する環境は通常室温下なので，各キャリヤ存在の様子を示す曲線ひし形の形状は，室温状態を前提に描いている．またここでは，図 3.13 では記載していた，真空準位 E_{vac} をも加えて記載してある（その詳細な意味については，3.1.3 項

10.3 シリコン pn 接合ダイオードの構造とエネルギーバンド図

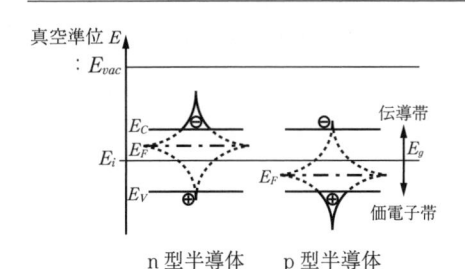

（a） p型半導体とn型半導体
との接合過程（1）

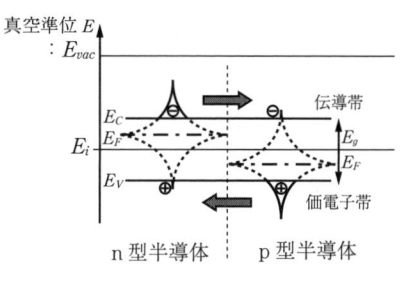

（b） p型半導体とn型半導体
との接合過程（2）

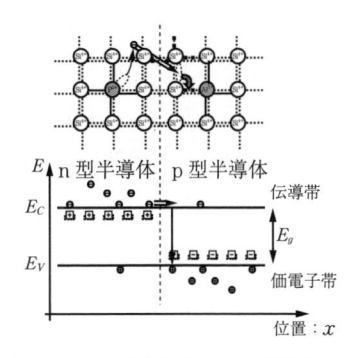

（c） p型半導体とn型半導体
との接合過程（3）

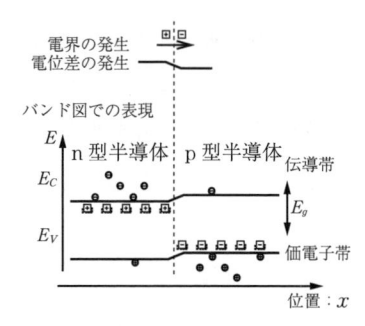

（d） 1個の電子の拡散による
内蔵電位の生成とバンド図

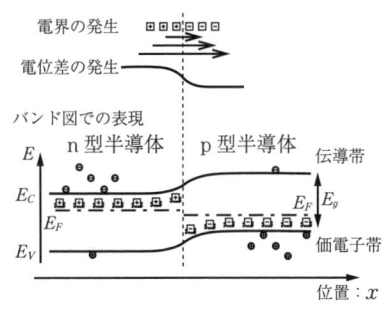

（e） 複数個の電子の拡散による
内蔵電位の生成とバンド図

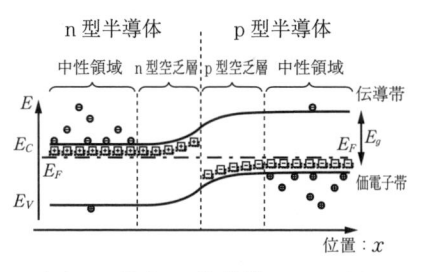

（f） pn接合の平衡状態のバンド図

図 10.4

を振り返っていただきたい)。p型半導体であれn型半導体であれ,もともとシリコン結晶なのだから,E_{vac}から見たそれぞれのE_C,E_Vのエネルギーレベルは同じである。唯一の違いは,フェルミレベルE_Fの位置であり,それによってn型半導体では自由電子が,p型半導体ではホールが多数キャリヤとなっている。

　この二つの半導体を,図10.4(b)のように接合させてみよう。見て明らかなように,この図は単に図10.4(a)をくっつけただけであり,いわば接合させた瞬間の,起こるべき現象がまだ起こる前の段階である。この図を基に,(自分自身がキャリヤになったつもりで?)この先何が起こるか?ということを考えてみる。考えられることは,混雑度合いの異なるキャリヤがそれぞれ空いているほうへ移動する,いわゆる「拡散」が起こることである。具体的には図中の矢印のように,n型半導体の自由電子がp型領域へ,p型領域のホールがn型領域へ,それぞれ拡散する。特に後者は,電子の動きに置き換えて別の表現をすれば,ほぼ満タンのn型半導体価電子帯中の電子が,空席の目立つp型半導体価電子帯中に拡散し,結果としてn型半導体中に残された空席がプラス電荷を伴って出現する,と言い換えることもできるだろう。7.2節で示したように元来,フェルミレベルとは水面の高さのようなものと考えることができ,図10.4(a)ではそれぞれ水面の高さの異なる水槽が,それぞれ仕切られて存在していた状況であったが,その仕切りが図10.4(b)では取り去られた瞬間とイメージできる。この場合当然,水面の高いほうから低いほうへと水(電子)は移動するであろう。

　ここで実際,1個の自由電子だけに着目し,それがn型半導体中からp型領域中に拡散した場合について詳細に考えてみよう。図10.4(c)上部に,この現象を構造図を用いて示した。n型半導体中の不純物(P:リン)から放出された自由電子は,図のように拡散によりp型半導体中へ移動する。しかし,移動先のp型半導体には多数のホール(Si-Si間の空席。ここに元来あった結合電子は,不純物Alの周りの結合を満たし,Al-イオンを生成している)が存在していることから,その部分に取り込まれる。いわば,拡散してきた自由電

10.3 シリコンpn接合ダイオードの構造とエネルギーバンド図

子がp型半導体中のホールと合体してキャリヤであった両者が同時に消滅してしまう現象が生じる．これを自由電子とホールの**再結合**と呼ぶ．この再結合は，その領域でのnp積がn_i^2を超えるような状況になった場合に顕著に見られる現象である．また，図10.4（c）下部には，この拡散・再結合現象をバンド図で示した．バンド図は，上部の構造図とx座標をほぼ合わせて描いているが，そのスケールは多少異なり，不純物原子やそれに対応したキャリヤの数は多目に描かれている（構造図では，不純物がドナー，アクセプタともに一つずつなのに対し，バンド図では5個ずつ描いてある）．n型半導体伝導帯側から拡散によってやってきた自由電子がp型価電子帯中にあるホールに，収まる図である．バンド図表現を用いて初めて明らかになるように，この再結合の際，ちょうどE_g分のエネルギーが放出されることがわかる．初めて見る読者には，実際の動きを示した上部構造図のほうがはるかにイメージしやすく，拡散・再結合現象をきわめてシンプルに表現できる．ただし，この単純さは再結合時のエネルギー放出という概念の喪失とトレードオフの関係にあり，それは下部に示したエネルギーバンド図を用いないと表現できないことである．

　図10.4（c）における再結合現象を理解した上で電荷の数に目を転じると，それぞれの領域の電荷数が再結合によって変わってしまったことに気付くであろう．n型半導体やp型半導体それ自体は本来電荷中性であり，拡散・再結合が起こる前の各領域の正負の電荷数はそれぞれ等しい．ところが図に示した拡散・再結合によって1個の電子正孔対が消滅してしまうと，それぞれの領域に残された動き得ない空間電荷が同数出現してしまう．バンド図中に描かれた，pn境界近傍の⊞⊟がそれであり，上部構造図中で表現すれば不純物原子の電子の授受に由来した，イオン化したドナー（n型半導体中のP^{5+}のうちの一つの正電荷）およびイオン化したアクセプタ（p型半導体中のAl^{3+}の周りにある四つの電子のうちの一つの負電荷）である．これらはそれぞれペアとなるキャリヤを拡散・再結合によって失ってしまったものであり，距離を置いて存在するこれら1対の電荷によって，その間に電界が発生し電位差が形成されるのは，9章にて学んだとおりである．図10.4（d）上部に示したように，n型半

導体側からp型半導体側へ電気力線（矢印）が生じるのだから，その直下に示したように電位はn型側が高くp型側が低くなる。つまり，この後拡散しようとするキャリヤにとっては，それを妨げる向きに発生した電界中を拡散しなければならないことになる。具体的には，n型半導体中の多数キャリヤである電子にとって，すいているp型領域中に拡散するには，電位が低いほうに移動しなければならず，正電荷を有するp型中ホールは電位がプラスの側に移動するのが拡散方向である。結果として，2個目の自由電子がn→p方向へ拡散する際には，図10.4（d）下部に示したバンド図の伝導帯の坂道を上っていく必要が出てくるのである。いわば，押し戻そうとする力に逆らって進むという，「仕事」をしなければならない。もっとも，n型半導体中の自由電子のエネルギーは，図に示したように伝導帯下端（E_C）よりも大きいものもたくさんあることから，この坂道を上るエネルギーを有しているものも，まだまだたくさん存在している。多少の電界であればそれに打ち勝ってp型領域に向かって拡散は続くのである。なおこれまでの議論ではすべて，n型半導体中からp型へ自由電子の拡散を例に挙げてきているが，p型からn型へのホール拡散を考えても再結合する領域がn型半導体中になる違いがあるだけで，結果として同じバンド図になることは明らかであろう。

　さて，上述した拡散現象が続き，複数のキャリヤが相手側に拡散し再結合を起こした結果のバンド図を，イオン化不純物およびそれによる電界，電位差も含めて図10.4（e）に示す。2個目の自由電子（あるいはホール），さらにもう一つの自由電子（あるいはホール）がそれぞれすいている側に拡散した結果，1個目と同様の再結合が生じ，その結果キャリヤを失ったイオン化不純物がpn境界領域から順に同数ずつ出現する。その結果，n型半導体側からp型半導体側へ図10.4（e）上部に示したように電気力線（矢印）が生じるのだから，電位は1個のキャリヤが拡散・再結合した場合よりもさらにn型側が高くp型側が低く，しかもその形状は，2次関数の形状を有して変化する。9.4.2項の電荷分布の例（2）で示した図9.12（f）の形状そのものである。この形状の電位差が発生する接合部では，したがって，図10.4（e）下部に示し

た形状のバンド図になる。電位が高いほうは下方に，電位が低いほうは上方にずれており，電位の2次関数形状を反映し，バンド図は二つの2次関数を接合部分で接続した形の曲線になっている。バンド図の傾きが，各場所での矢印の本数に対応しており，pn境界においての傾きが最も急峻(しゅん)，つまり電界が一番大きいことがわかる。

　さて，pnを接合させると拡散が起こり，その結果キャリヤ拡散がしにくくなるような電位差が生じ，拡散がさらに進めば，その電位差がさらに大きくなり，キャリヤの拡散がさらにしにくくなるということを図10.4の一連の流れで示してきた。最終的にはどの段階で落ち着くのかという疑問にそろそろ答えよう。最終的な状態は**平衡状態**（equlibrium condition）と呼ばれるが，これは要するにバランスが取れて，それ以上変化しなくなる状態ということである。pn接合の場合は，キャリヤ濃度差による拡散と，拡散によって生じた電位差とのバランスが取れ，それ以上，拡散が進まなくなったように「見える」状態が平衡状態である。あえて，「見える」としたのは，個々のキャリヤの移動が止まってしまったわけではなく，それぞれはまちまちに動いているのだが，それが一方向の流れには至らず，全体として見たときには，変化しなくなったような状態になっていることを明示したいからである。

　pn接合が平衡状態に達したときのバンド図を，図10.4（f）に示そう。拡散が図（e）よりさらに進み，二つの2次関数領域の幅が広がり電位差が大きくなった結果，pn各領域のフェルミレベルがちょうど一致したところが，平衡状態である。図10.4（b）で示したように，拡散の発端は，n型，p型各領域のフェルミレベルの違いにあった。いわば水面の高さの違いが，高いほうから低いほうへ電子の移動をもたらす。一方，出現した空間電荷によって電位差ができるが，これはいわば各領域の水槽自体の高さを変えることと考えられる。結果として，この電位差がpn両領域のフェルミレベルが一致するまで大きくなれば，それ以上はキャリヤの一定方向への移動はなくなり，平衡状態に達するのである。

　見方を変えると，各領域のエネルギー値に対応する電子の混雑度合い（すな

わち $F(E)$ 値）が一致したところが平衡状態になる．図 10.4 (a)，(b) に示した曲線ひし形の上下位置が一致した場合，各エネルギーに対応する電子の混雑度合いが一致することになるが，これはまさしく n 型，p 型両半導体のフェルミレベル（E_F）位置が等しくなることと等価である．もちろんこの場合でも，接合部から遠く離れた領域での，自由電子，ホール濃度はそれぞれ大きく異なり濃度差は解消していない．これによる拡散と接合部の電界（バンド図の傾き）による押し戻しのバランスが取れているのである．

さて，pn 接合平衡状態のバンド図をもう少し詳細に見てみよう．上述した，接合部から遠く離れた各領域の平坦になっている部分は，傾きがゼロ，すなわち電界がゼロであり，電気力線が走っていない．置き去りにされたプラス電荷やマイナス電荷がなく，必ずプラスマイナスが一対一対応している，いわばプラスマイナスが過不足なくその電荷総量は 0，すなわち電荷中性が保たれている**中性領域**と呼ばれる．空間電荷を含めた電荷総数が 0 であることは図からも読み取れるであろう．一方，傾きが存在する接合部近傍では，これまでの議論から再結合により自由電子，ホールが消失した領域であり，いわばキャリヤが「空乏：(蓄えが乏しいこと)」状態になっている．ここは**空乏層**と呼ばれており，抵抗値がきわめて大きいことから，後述する外部電圧を与えた場合のその電位差の大半を受け止める領域となる．

さて，平衡状態を示した図 10.4 (f) の説明の最後に，中性領域のキャリヤが空乏層領域に入り込まないのか？ということについて議論しよう．図を見れば，エネルギー的には空乏層に入り込めるキャリヤは，たくさんありそうである．しかしながら

① 例えば n 型半導体中性領域に描かれた自由電子のうち，少なくとも E_C 直上に描かれた四つの自由電子はエネルギー不足により空乏層内に入り込むことができないと考えられるが，そもそもフェルミ・ディラック分布関数によって描かれた図は，それ自体が電子の個数というよりも，電子個数の桁数を表すと考えたほうが妥当であること（5.3 節，図 5.12 にて言及）から，空乏層内に入り込める電子数は（あくまでこの概念図上では）4

「桁」下がるということ。

② それでも図中最高エネルギーを有する自由電子が入り込んだとしたら，ペアとなる空間電荷⊞が中性領域に出現することから，さらに大きな電位差が発生すると同時にこの⊞電荷からの電界によって，順番に他の自由電子が左側に押し付けられ，けっきょく，空乏層との境界の空間電荷の出現，余分な電位差の残存，n型半導体内フェルミレベルの低下，自由電子の押し戻しが起こる。

などの理由により，空乏層内のキャリヤは，ほぼゼロと考えられるのである。実際，中性領域と空乏層の境界にて，上記若干の動きによる電子密度の揺らぎがある程度であり，空乏層内に存在する電荷は，イオン化した不純物である図中⊞⊟のみと考えて差し支えないのである。

10.4 順バイアス印加

ここでは，順バイアス印加，すなわち図10.2で示した現実のダイオード特性中の第一象限での現象についてバンド図を基に理解しよう。同図（b）の第一象限でいえることは

・ある電圧（V_T：立上り電圧）まではほとんど電流は流れないが，そこを過ぎると電流値が急激に増加する。

ということである。ここで，このグラフのデータをそのままに，縦軸を対数表示にした片対数（セミログスケール）のグラフを，図10.2（b）から転記したリニアスケールのグラフとともに図10.5に並べてみる。

左右のリニアスケールとセミログスケール，それぞれのグラフは，当然のことながら同じデータをプロットの仕方を変えて描いたものである。

(a) リニアスケール　　(b) セミログスケール

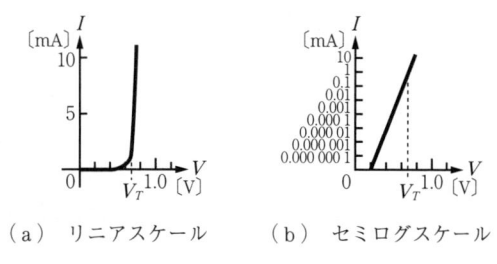

図10.5 現実のダイオードの順方向 I-V 特性の例

左のグラフで急激に立ち上がる電圧として定義された V_T（立上り電圧）も，右のグラフでは明確には示されない。あくまで縦軸をリニアで描いた際，その任意にとった縦軸スケール（この場合は mA 単位）で見たときに，急激に増加するように見えるだけである。リニアスケールのメリットはこのように，我々が注目している単位における値の変化に対しては敏感に反応するが，ここから離れた値，すなわち，何桁も小さい/大きい値における変化を示すには不適当であることがわかる。実際に，V_T より下の電圧領域では，リニアスケールグラフを見る限り，流れる電流は 0 と錯覚してしまう。一方で同じデータをセミログスケールで描いた図（b）では，桁の違いを伴った変化がよく示されている。すなわち，mA 単位で見たときに 0 と錯覚する電流値は，実は，印加電圧の低下に伴い，桁で減少していくことが見て取れる。特に，この例で示したようなセミログスケールグラフにおいて直線になる関係は，一般的に指数関数の関係になるが，この場合

$$I = I_s(\exp(aV) - 1) \quad (-I_s：逆方向飽和電流，a：定数) \quad (10.1)$$

なる関係になる。

さて上記のように，順方向バイアスでは，電流 I は印加電圧 V の指数関数的に増加するという結果を，バンド図を基に考えてみよう。図 10.6（a）に

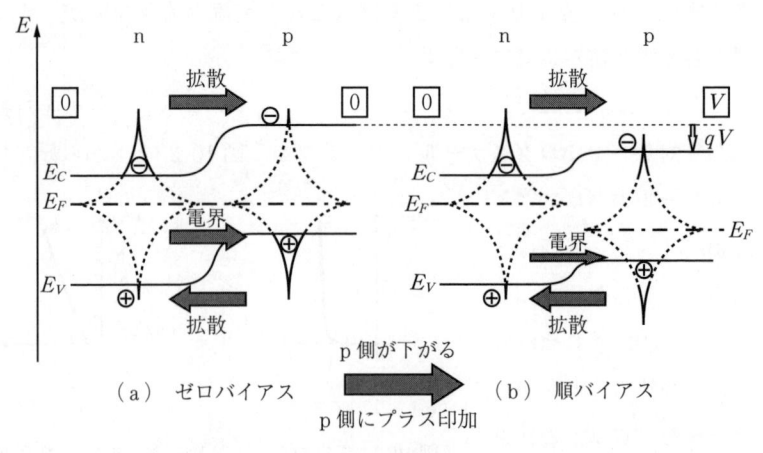

図 10.6 ダイオードへの順方向バイアス印加

pn接合ゼロバイアス状態のバンド図，図（b）には順バイアス状態のバンド図を描いた．

　図（a）のゼロバイアス状態は，図10.3（b）の左右金属配線部分の電位差が「ゼロ」であり，pn接合部は図10.4（f）に示した平衡状態のバンド図そのものとなっており，p型，n型のフェルミレベル（E_F）位置が等しくなっている．キャリヤの拡散と，電界とでバランスが取れ，少なくとも，キャリヤがある一定方向へ移動するという現象（すなわち，電流の流れ）は生じていない状態であった．ここに順バイアスを印加してみよう．n型半導体に接続された金属配線部分の電位をゼロのまま変えずに，p型領域に接続された金属配線に正電圧を与えれば順バイアスとなるが，電子のエネルギー（$E=-qV$）を表すバンド図では上下が逆さまに表示されるので，図（b）に示したように正電圧を印加された金属配線と接触しているp型領域が下がるのが，順バイアス状態のバンド図である．別の表現をすれば，外部から与えた電位差は，そのほとんどが空乏層に印加されている．さて，図10.6（a），（b）を見比べてみると，図（a）の平衡状態では，拡散と電界とのバランスが取れていたのに対して，図（b）の順バイアスでは電界が外部電圧によって弱まり，基本的にほぼ変わらない拡散による影響が相対的に強まるため，電子，ホールともに相手側に移動を始める．まさに，平衡状態のバンド図を作成する過程の，図10.4（d）あるいは図（e）と同様の状態である．ただし，これらと異なり順バイアスでは，それぞれ相手方に移動し，かつ，再結合によって減少するキャリヤは，順バイアスを与えるために接続された直流電源から供給され続けるので，バンド図の変化を伴わず電流の流れは維持されるのである．

　直流電源の電圧を上げて，さらに大きな順バイアスを印加した場合を想定してみよう．**図10.7**に示すように，順バイアスを$V \to 2V$に増加させることにより，電界による拡散抑制の効果はさらに減少し，不変である拡散による移動が相対的にさらに強まるので電流値はさらに増加する．この増加の仕方が指数関数的であることは，曲線ひし形の形状より明らかであろう．拡散と電界の効果の差引きによる電流値は，けっきょく，曲線ひし形内の同じエネルギーにお

図中ラベル:

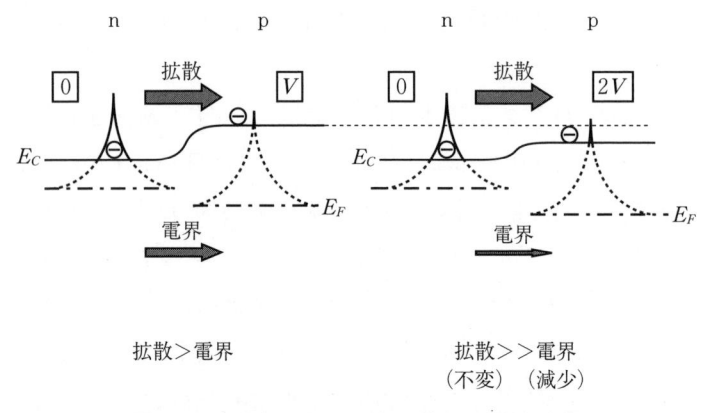

左図: n | 拡散 | p、0、$2V$ 省略... 実際は左図 0 と V、E_C、E_F、電界、拡散＞電界
右図: n | 拡散 | p、0 と $2V$、E_C、E_F、電界、拡散＞＞電界（不変）（減少）

図 10.7 順方向バイアス増加に伴う電流値の変化

けるキャリヤ密度の差として表されている。順バイアスを大きくすればするほど、その差は図のように増えていき、その増え方は曲線ひし形を構成している形状が指数関数であった故に指数関数的に増加するのである。

　さてここで、ここまで読み進み、内容が理解できた方々から頻繁に出る質問を挙げてみよう。それは図 10.4（d）、（e）で明示されてきた pn 接合境界部の「電位差の発生」が、図 10.6（a）ではいったいどこへ消えたのか？ということである。もっと機転の利く質問としては、「p 型と n 型の両半導体を接合させるだけで、電池ができちゃう？エネルギー問題解決？」と先走るものもある。先にも述べたように、図 10.6（a）は、「左右金属配線部分」の電位差がゼロであり、pn 接合境界の電位差がゼロということではない。左右金属配線間には、pn 接合境界のほかに、金属/n 型接合、p 型/金属接合の合計三つの接合があることに注意すべきである。結論をいえば、pn 接合で発生する電位差（これを**内蔵電位**（built in potential）と呼ぶ）は、残念ながらそれを取り出すところである同種金属との接合によって打ち消されてしまうのである（図 9.11 および後段の 11 章参照）。

10.5 逆バイアス印加

逆バイアス印加，すなわち図 10.2 の第三象限での現象も，順バイアス同様，バンド図で考えてみよう．図 10.2（b）の第三象限でいえることは

- 負電圧印加に伴い，その印加電圧に従った方向，すなわち電位の高いほうから低いほうにほんの少しの逆電流が流れ始めるが，その電流は即座に飽和値である逆方向飽和電流（$-I_s$）に達し，これ以上大きな負電圧を印加しても，その電流値は一定値のままである．

ということである．pn 接合の平衡状態のバンド図である図 10.4（f）から，徐々に逆バイアスを印加した場合のバンド図の変化を**図 10.8** に示す．

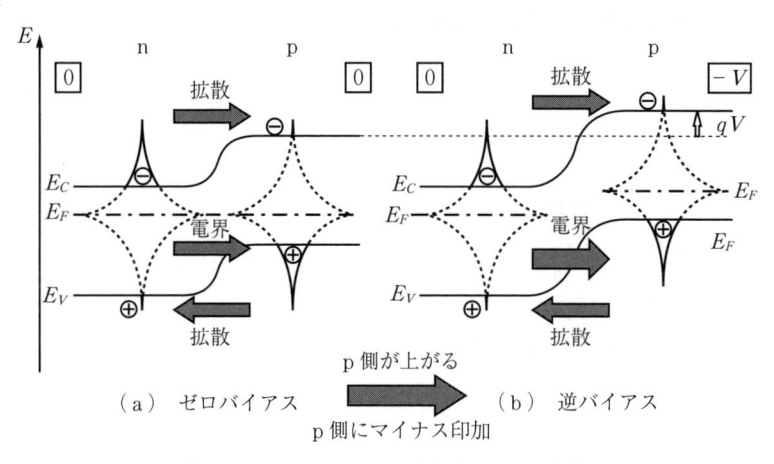

図 10.8 ダイオードへの逆方向バイアス印加

すなわち，バンド図は図（a）のゼロバイアスから，図（b）のように n 側接触金属をゼロ電位のまま，p 側接触金属に $-V$ の電位を与えた場合のように変化する．拡散と釣り合っていた電界の大きさが，逆バイアス印加によって図（b）のように大きくなることがわかる．したがって，この電界による電流が，この逆バイアス状態の電流を支配する．具体的には，p 型半導体中の⊖：電子，および n 型半導体中の⊕：ホールが，それぞれ相手側に流れ込むのがそ

の逆方向電流の要因となる。いずれのキャリヤの動きも、電流としてはn型半導体からp型半導体方向への流れとなり、印加電圧による電位の高いほうから低いほうへの電流の流れとなる。このように、ほんのちょっとの逆バイアス電圧印加で流れ始める逆方向電流は、しかしながら、さらに逆バイアス電圧を増加させpn境界領域での電界を増加させても、その電流の源となるキャリヤが各領域の少数キャリヤであることから、すぐに飽和してしまう。川の流れを徐々に急にしていき、やがては滝になってしまった場合、それ以上深く滝壺を掘り下げても、流れる水量は飽和してしまうのと一緒であり、滝の出口の水量がその飽和値となる。元来きわめて少ないp型半導体中の⊖：電子、およびn型半導体中の⊕：ホールの各少数キャリヤ濃度が、その飽和値を決めている。図10.2(b)の第三象限、逆方向飽和電流（$-I_s$）は、まさしくこれら少数キャリヤ濃度によって決まる値である。

10.6 ま と め

この章では、回路理論で用いてきた理想ダイオードと現実のダイオードの特性の違いについて述べ、pn接合ダイオードを例にとり、このような特性を示す理由を、バンド図を用いて考えてきた。電子系の学科で行われるダイオードに関する実験・実習において、この本で理解できたキャリヤの動きを頭に描いてグラフを描いてもらうことができれば、著者としてはこの上ない喜びである。

11 金属 – 半導体接触

　特にこの章は，前章の内容を十分理解し，その上で，『pn 接合さえあれば，電位差すなわち電池ができるのでエネルギー問題解決？』という疑問を自分自身で持ってから，読み進めてほしいところである。各種材料への電圧印加・電流入出力には必ず，配線となる金属を接続することが必要となるが，それらに接続する同種の金属端子間に電位差を有して初めて，その電位差を取り出すことができるのである。また，特性が知られている単体材料といえども，それに接続する金属種の選び方によっては，実に不思議な現象が生じる。例えば，材料自体にキャリヤがきわめて少ない絶縁体は電流を流さず，少しはある半導体はそれなりに電流を流すというのは，あくまで一般論であり，それら材料固有のキャリヤの有無に関する議論は正しい。しかし実際は，それらにつなぐ金属の種類によっては，絶縁体といえども外部からキャリヤを注入することができる場合があるため，これらの見掛けの電気的な性質は大きく変わるのである。金属＝単なる電線という理解から，金属種によってフェルミレベル（以下に示すように厳密な意味では違うが，仕事関数と呼ばれることのほうが多い）が異なり，前章 pn 接合時と同様，接合させる相手方半導体物質のフェルミレベルとの位置関係に応じて，接合部に，しかも相手側である半導体領域のみ，電位差（すなわちバンドの曲がり）が発生するということをこの章でぜひ理解してほしい。

11.1 仕 事 関 数

　3 章までさかのぼるが，そこで，「フェルミ準位」という概念について，2 章で学んだ電子の位置エネルギーという考えをベースに，金属（Na）が良好な電気伝導性を示す理由を説明するために導入した。金属のフェルミ準位は伝導帯の中ほどにあり，そのフェルミ準位近傍の状態密度（単位体積当りの電子の座席数）が大きいため，良好な電気伝導性を示すのであった。一方，その伝導

帯のエネルギー的な位置は，金属 Na の場合，伝導電子の源となる単原子 Na の 3s 軌道電子の位置エネルギーが基準となり，そこからどんどん広がっていった。したがって，ほかの金属（例えば金にしてもあるいは銀にしても）では，伝導電子の源となる電子の軌道，すなわち位置エネルギーが異なるはずで，形成される伝導帯のエネルギー的な位置，ひいてはフェルミ準位の位置も異なるはずである。

電子のエネルギーの絶対的な基準となり得る真空準位から，各金属のフェルミ準位までのエネルギーの大きさは，**仕事関数**（work function, Φ_M）と呼ばれ，通常その値は「eV：電子ボルト」単位で表されるものである。元来この値は，その金属に光電効果を生じさせるために必要となる，外部から与える光エネルギーの最小値という意味で定義されたものであるが，材料物性を考える上での用途としては，異種金属間，あるいは金属と半導体など異なる物質間の各物質内電子のエネルギーを比較するための尺度となることである。具体的には，仕事関数の大きな金属中の自由電子は，その値が小さな金属中の自由電子と比べて，絶対的なエネルギーが小さい。それが故に，電子を金属外部（すなわち真空）に放出するために，前者では大きなエネルギー（仕事関数）が必要となるのである。仕事関数の具体的な数値を，代表的な一部金属についておおまかに図示すると，図 11.1（a）のようになる。この数値は上述したように，真空準位からフェルミ準位までのエネルギー値，言い換えれば電子を金属外部に放出するための必要最低限のエネルギーであるから，比較の基準となる真空準位（E_{vac}）をそろえて描いた各金属のフェルミ準位は，図 11.1（b）のように，「仕事関数が大きい」金属では「低く」，「仕事関数が小さい」ものでは「高く」なる。したがって，これら仕事関数の異なる金属同士を接触させれば，フェルミ準位の高いほうから低いほうへ電子が流れ込み，そこに**接触電位差**（**ボルタ効果**と呼ばれる）が生じることになる。なお，図 11.1（b）右端には，これら各種金属のフェルミ準位の位置と同じ縦軸を用いて，半導体 Si 結晶の E_C（伝導帯下端），E_V（価電子帯上端）を示してある。結晶シリコンのフェルミ準位は，p 型，n 型，それらをもたらす不純物ドープ量，および温度などに

(a) 仕事関数

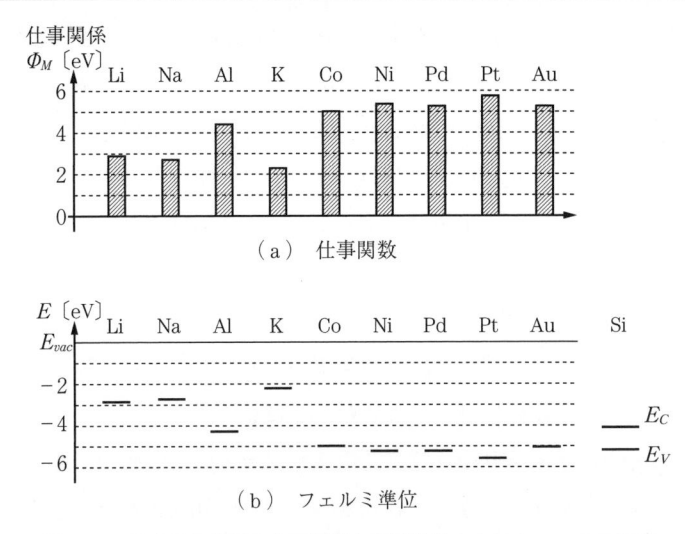

(b) フェルミ準位

図 11.1 代表的な金属の仕事関数と真空準位から見たフェルミ準位

よって（ほぼ E_C と E_V の間で）さまざまな値を取り得るが，いずれにせよ接触させる金属種によって，フェルミ準位の上下の位置関係が変わり，接触界面における電子の流れ込む向きが変わることは，想像に難くないであろう．

11.2 金属‐半導体接触の組合せパターン

ここでは，同種物質半導体（具体的にはシリコンを想定）のp型とn型それぞれに対して，接触させる金属によってどのような電子の流れ込みが生じるかについて場合分けしてみることにする．話を単純化するために，半導体に関しては，これ以降図 11.2 に示すように，p型半導体，n型半導体のフェルミ準位をそれぞれ E_V の位置，E_C の位置にあるとしておく．代表的な各種金属のフェルミ準位

図 11.2 p型半導体，n型半導体と金属との組合せパターン

は，図 11.1 に示したようにシリコンの E_C, E_V に対してさまざまな値を取り得るため，組合せパターンとしては，図 11.2 に示すように，E_C の上，E_C と E_V の間，E_V より下の各領域にフェルミ準位を持つ金属を考え，それぞれ金属 A, B, C と名付ける。電子の流れ込みパターンは，接触させる物質同士のフェルミ準位の高低で決まり，単純にフェルミ準位の高いほうから低いほうへと流れ込む。したがって，図 11.2 より，金属 A, B/p 型半導体，金属 A/n 型半導体のグループと，金属 C/p 型半導体，金属 B, C/n 型半導体のグループとに分けられ，前者グループは金属中の電子が半導体側に流れ込み，後者グループは半導体側の電子が金属側に流れ込むことになるだろう。

　いずれにせよ，元来それぞれ電気的中性を保っていた金属や半導体であるから，上記のような電荷の移動は，各領域の余剰（取り残された）電荷を顕在化させ，それに伴う電界の発生，電位差の形成が起こるのは，10 章で記した pn 接合の場合とまったく同様である。pn 接合との違いは，金属がきわめて大きな状態密度を有することであり，これにより金属中で顕在化された電荷はすべてその表面に局在化し，金属内部に電気力線，すなわち電界が形成されることはないということである。一方で，その相方となる半導体は，金属に比べれば状態密度は小さく，電荷の分布は内部まで広がることになる。したがって，電気力線は半導体内部まで侵入し，それに伴う電位差は，半導体内部に形成されることになる（図 9.11）。11.1 節で触れた，ボルタ効果（金属同士の接触によって生じる電位差）の場合は，各金属の内部に電位差は形成されないので，まさにその接触界面に電位差が形成されているケースとなる。

11.3　金属 - 半導体接触（1）
―― 金属 A, B/p 型半導体，金属 A/n 型半導体のパターン ――

　このパターンはいずれも，金属側のフェルミ準位が，半導体のそれよりも高いため，電子が金属側から半導体側へ移動するパターンである。当然電子を失った金属「表面」には，原子核陽子に由来するプラス電荷が残ることになり，これが電気力線の始点となる。一方，相方となる半導体について考えれ

ば，それがp型なのかn型なのかによって振舞いは異なるが，それを詳細に検討するための模式図を**図11.3**に示す。なお，金属のフェルミレベルは，本節のパターンを代表して金属Aだけを描いたが，p型半導体に対する金属

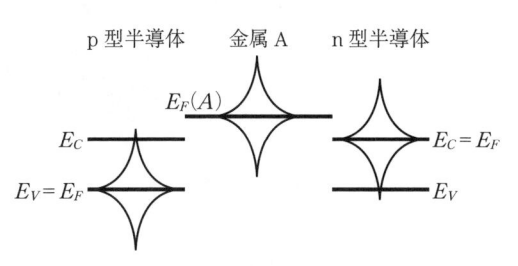

図11.3 金属-半導体接触（1）── 金属A，B/p型半導体，金属A/n型半導体のパターン ──

Bもまったく同じ振舞いを示すのは明らかであろう。またこの図は，図11.2に合わせて描いたものであり，特に金属をp型とn型の各半導体で挟み込んだサンドイッチ構造を意識したというものではなく，それぞれの接触界面領域での振舞いをまとめて見るための図と認識してほしい。

さて図には，室温でのフェルミ・ディラック分布に基づいたキャリヤの存在エネルギー位置を表す曲線ひし形（図7.1）も併せて描いてある。この形状を初めて導入した5章でも言及したが，この面積はキャリヤの数そのものというよりも，その桁数を表したものであった。したがって，p型半導体の自由電子や，n型半導体のホールは，「ある」というよりも「ほとんどない」と見ていただきたい。なお，図中の曲線ひし形は，フェルミ準位が各物質で異なるのだから，それに合わせて水平方向の対角線が各物質のフェルミ準位に合致するよう描かれている。接触以前，すなわち，この図のようにまだキャリヤが移動する前段階は，いわば，水面の高さ（フェルミ準位）が違う水槽がそれぞれ仕切られて独立に存在している状態とみなすことができる。これを出発点として，各物質を接触させてみよう。イメージとしては，水槽間の各仕切りを外すことになろう。このイメージどおり，実際には，事は瞬時に済むのだが，以降ではそれを段階を追って1ステップずつ考えてみることにする。そのための模式図を**図11.4**に示す。これは，図11.3をさらに具体化した模式図であり，各領域の電荷をすべて描いてあり，さらに各領域が電荷中性を保った，いわばキャリヤ移動の前段階の図である。金属Aのフェルミ準位直下には，ホールを表す

p型半導体　　　金属A　　　n型半導体

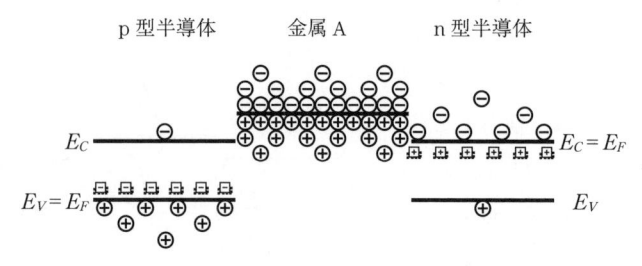

図11.4　金属-半導体接触（1）――接触直後の電荷分布――

⊕が描かれているが，各半導体の価電子帯直下のホールと同様に考えてほしい。これらはいずれも単なる電子の空席ではあるが，いったんペアとなる自由電子がどこかに移動してしまえば，それによってこの空席が，原子核陽子の＋電荷を顕在化させるという意味である。言い換えれば，まだ自由電子がどこにも移動していなければ，各半導体と同様に金属Aも図に示したようにプラスマイナスの電荷数は等しく，電荷中性を保っていることを明示した図である。この，図11.3あるいは図11.4を前提に，キャリヤが1個ずつ，電子エネルギーの大きな金属Aからp型半導体，およびn型半導体へ移動することを考えてみよう。

図11.5に，その様子を示す。金属とn型半導体が接触した右側の界面では，図中右側界面に示すように，金属中の電子がn型半導体の伝導帯に入り込み，それはそのまま，n型半導体の表面「近くに」とどまっている。金属に残したプラス電荷の引力を受けるからである。ただし，大きな状態密度を有する金属側は，その残ったプラス電荷はすべて金属の「まさに」表面層に局在するのに

p型半導体　　　金属A　　　n型半導体

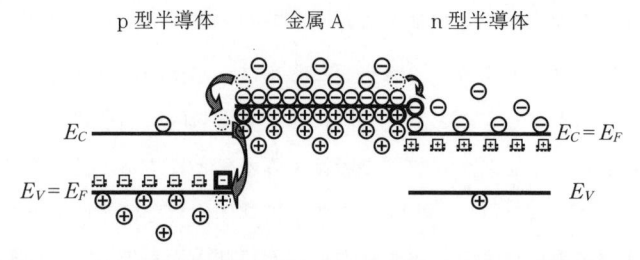

図11.5　金属-半導体接触（1）――1個ずつキャリヤが移動――

11.3 金属−半導体接触（1）

対して，それに比べれば状態密度が相対的に小さいn型半導体表面では，つぎの段階を経ていずれ多量に移動してくる電子を表面だけで受け入れることができずに，半導体表面「近く」に，ただし，最表面に入りきらないものがしみ出すように，奥行方向に分布する．一方，金属とp型半導体が接触した左側の界面では，図に示すように金属側から入り込んだ電子は，右界面とは振舞いが異なる．これは，入り込んだ電子がp型半導体中では少数キャリヤであることによる．つまり入り込んだ電子はp型半導体中に多数存在するホールと再結合し，結果としてp型半導体中の空間電荷（⊟）が顕在化することになる．この場合の考え方として，金属側から入り込む電子が直接p型半導体中のホールを埋めてしまい，電子もホールも消失してしまうと考えても最終状態は同じである．けっきょくいずれの界面でも，電子の移動に伴い電荷中性が破れ電荷が顕在化するが，それらはいずれも図中太線で囲んだものとなる．

続いて2個目の電子が金属から各半導体へ移動する様子を考えてみる．**図11.6**に示すように，右側に示した金属A/n型半導体界面では，上記1個目の動きの際に書き加えたように，電子はn型半導体表面「近く」に分布を持って存在する．一方で左側の金属A/p型半導体では，移動した電子は1個目と同様にホールを道連れに消失するが，その際に顕在化する半導体中の電荷は，離散的に存在する不純物がイオン化した空間電荷であり，一様の濃度で半導体内部に向かって広い分布を有することになる．

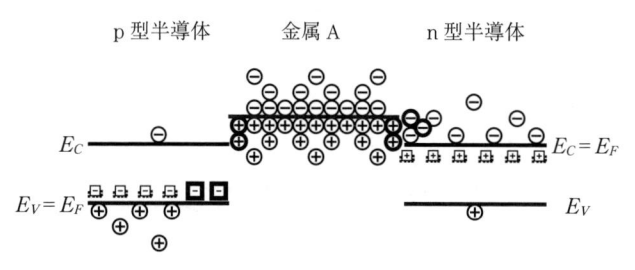

図11.6 金属−半導体接触（1）── 2個目のキャリヤが移動後の電荷の様子 ──

さて，図 11.6 の顕在化した電荷による電位差，およびそれを反映したバンド図を**図 11.7** に示そう．このアプローチは，9 章で詳しく説明し，そこで例として用いた図 9.11 の結果を使えるので，詳しいプロセスはここでは割愛する．なお，図における電位の基準として，中心にある金属をゼロ電位であるものとして描いてある．もちろん，顕在化する電荷は，両界面ともに金属がプラス，半導体側がマイナスであるから，金属に対して両半導体の電位が下がることはあきらかであろう．ただしここで注目すべきは，両界面ともに同じ 2 個の電子の移動でも，顕在化する電荷の位置によって，生成される接触界面での電位差（もっと詳細に述べれば，接触によって半導体内部に生成される電位差）の値が異なることである．電荷 Q と電位差 V とを結び付ける比例関係式の比例係数が C（電気容量値）であることから類推できるように，これはコンデンサの極板間距離による容量値の違いと本質的に同じ現象であり，金属－半導体界面における「容量」の議論に結び付くが，ここでこの詳細についてさらに踏み込むことはやめておこう．一方で各半導体のバンド図に注目すれば，その表面に，n 型では電子が蓄積され，p 型では空乏化しているのが大きな違いである．これは，E_C や E_V が電位変化に伴って曲がっているのに対して，水面の高さと考えられる E_F は変わらないことによる．これらの結果は，上述したよ

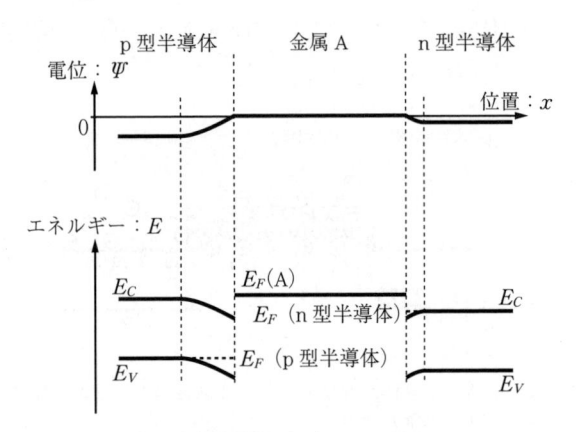

図 11.7 金属－半導体接触（1）── 2 個目のキャリヤが移動後の各界面の電位差とバンド図 ──

うに移動した電子が，p型半導体ではキャリヤの再結合による消滅と空間電荷の顕在化を，n型半導体では表面近傍での蓄積を，それぞれ生じさせたことと同義である。

さて，電子が2個ずつ移動した結果である図11.7下部のバンド図を見れば，金属と各半導体のフェルミ準位はまだ一致しておらず，両接触界面ともに相変わらず金属のフェルミ準位が高い。先の議論より，この状況では両界面における電子の移動はさらに続くことになるだろう。金属から電子の移動が終了した最終的な状態の電位分布およびバンド図を**図11.8**に示そう。金属から各半導体への一方向の移動が終了したというのは，この構造におけるフェルミ準位がすべて一致していることから推測できるが，pn接合の場合と同様，この状態は個々の電子の移動が止まっているわけでなく，いわゆる**熱平衡状態**であり，もはや一方向への流れとしては見えない状態と考えられる。

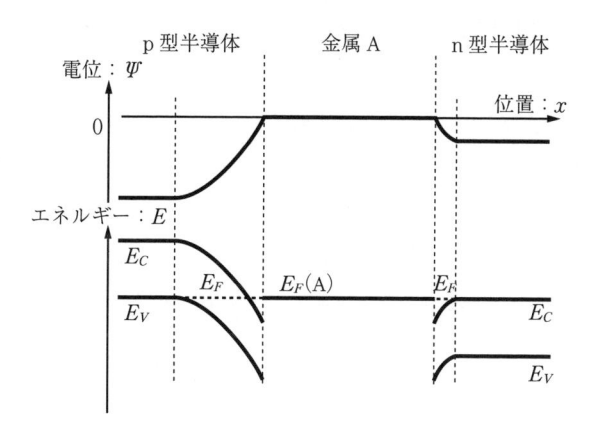

図11.8 金属 - 半導体接触（1）——熱平衡状態に達した両接触界面の電位分布とバンド図——

さて，左右両接触界面のバンド図を見てみると，程度の差はあれ，半導体側は同じようなバンド曲がりの形状を示しているものの，右界面はオーミック接触，左界面はショットキー接触と区別される。前者は，オーム性，すなわち，印加電圧極性がプラスでもマイナスでも，その絶対値が等しければ等しい量の電流が電位が高いほうから低いほうへ流れるのに対し，後者は，印加電圧極性

の違いによって電流が流れやすい方向と，流れにくい方向を有する，いわば整流性を有する接触界面となる．これらの違いを簡単に把握するには，各半導体の表面が，バンド曲がりとフェルミ準位の位置関係によって元来ある多数キャリヤが増える方向になっていればオーミック，減る方向になっていればショットキーになると理解できる．これまで述べてきた金属Aとの組合せにおいては接触直後には両者とも必ず金属から電子が注入されるが，この際，注入された先がn型であれば多数キャリヤが増加するのでオーミック，p型であれば，注入された少数キャリヤが多数キャリヤを道連れに再結合により消失するのでショットキーと理解できる．

11.4 金属 – 半導体接触（2）
—— 金属C/p型半導体，金属B，C/n型半導体のパターン ——

この節では，前節とは逆のパターン，すなわち，再び図11.2を参照すれば，金属側のフェルミ準位が，p型，n型いずれの半導体のフェルミ準位よりも低いケースについて考えてみよう．いずれも電子が半導体側から金属側へ移動するパターンである．前節の例にならって，このケースの模式図を**図11.9**に示す．ここでもこのパターンを代表して金属Cしか描いていないが，n型半導体に対しては金属Bもまったく同じ振舞いをすることは前節同様，明らかであろう．しいていえば，金属BとCでは，n型半導体のフェルミ準位とのエネ

p型半導体　　金属C　　n型半導体

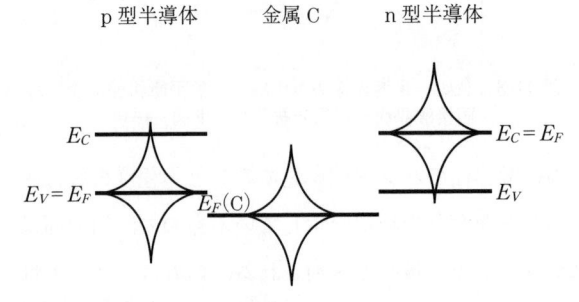

E_C

$E_V = E_F$　　$E_F(C)$

$E_C = E_F$

E_V

図11.9 金属 – 半導体接触（2）── 金属C/p型半導体，金属B，C/n型半導体のパターン ──

ルギー的落差が異なるため，その分，最終的に n 型半導体内部に形成される電位差に違いが出る程度であり，議論の本質は変わらない。また，図には，各領域に存在するキャリヤの室温状態でのエネルギーを表す曲線ひし形も描いてある。

　さて，この状態から各領域を接触させてみよう。ここでも，電荷の移動を1ステップずつ詳細に検討するための模式図を**図 11.10** に示す。この図は，図11.9 をさらに具体化し，各領域の電荷中性を印象付けた上で，キャリヤの存在エネルギーに従って各電荷を明示的に示したものである。先の図 11.4 と見比べてみれば，違いは単に金属のフェルミ準位が下がっただけである。これを出発点にして，フェルミ準位の高いほうから低いほう，すなわち，半導体側から金属 C へ電子を移動…。ところがここで，電子の移動元が金属であった図11.4 では問題視されなかった現象が顕在化するのである。具体的には，p 型半導体から金属 C へ移動させるための電子が見当たらない！ということである。これはしかし，半導体のバンド図の意味するところをよく思い出し，なおかつ例えば図 6.24 までさかのぼって考えてほしい。価電子帯は全座席に電子がつまっている前提で，数少ない空席のところだけにホール（⊕）が描かれていたのであった。したがって，図 11.10 内の p, n 両半導体の価電子帯には，金属側に移動できる電子がうじゃうじゃ存在しているのである。

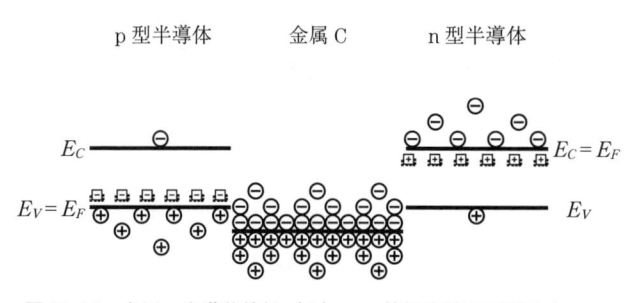

図 11.10　金属 – 半導体接触（2）── 接触直後の電荷分布 ──

上記を詳しく説明するために，図 11.10 の状態をそのまま，価電子帯以上の全電子表記に変えたものを**図 11.11** に示しておく（図が細かくなってしまうため，各領域を若干離して描いてあるが，実際はそれぞれが接触しているものとする）。ここでは金属中もその表記法に合わせて，ホール（⊕）ではなく，図 4.4 で示したような全電子表記に変えている。この描き方のデメリットとして，各領域がそれぞれ電荷中性を保っているという事実を，ともすれば忘れてしまうことがあったが，一方で，フェルミ・ディラック分布関数に従った電子の占有率がそのまま記載されており，同じエネルギーの電子の混雑度合いを比較できるというメリットがある。つまり，電子の移動を考える際に，同じエネルギーにおける混雑度合いが高いほうから低いほうへ移動することが，直観的に理解できることになる。例えば，半導体の E_V（価電子帯上端）のエネルギーにおける各物質内電子の混雑度合いを見ると，フェルミ準位の高い順に，n 型半導体が最も混雑しており，つぎが p 型半導体，一番空いているのが金属 C であることが一目でわかるはずである。

図 11.11 金属-半導体接触（2）—— 接触直後の電荷分布（全電子表記）——

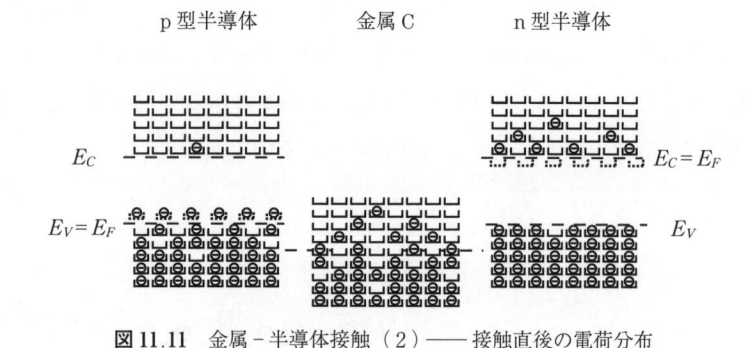

これに基づいて，金属／各半導体接触界面における電子の移動を順番に考えてみよう。**図 11.12** は，図 11.11 から各接触界面において 1 個の電子が移動した様子である。フェルミ準位の高い p 型，n 型各半導体からフェルミ準位の低い金属 C へ電子が移動している。なお，実はここでも両接触界面での詳細な振舞いは異なっている。左側の界面では，p 型半導体中の電子が金属 C へ移動

11.4 金属−半導体接触（2）

p型半導体　　　　金属C　　　　n型半導体

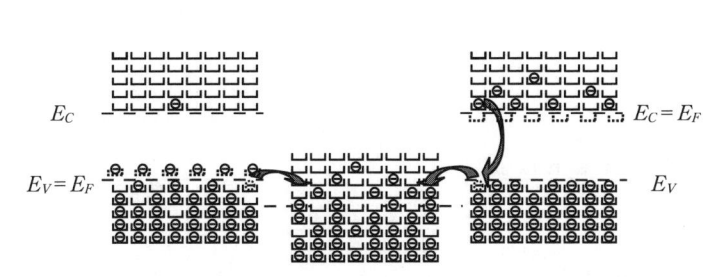

E_C　　　　　　　　　　　　　　　　$E_C = E_F$

$E_V = E_F$　　　　　　　　　　　　　　　　E_V

図 11.12　金属−半導体接触（2）——1個ずつ『電子』が移動（全電子表記）——

し，p型半導体価電子帯中にはその分の空席がそのまま残るだけである。図に示したように右側のn型半導体中電子の金属側への移動も，同様にn型半導体価電子帯に空席を生じさせる。ただし，この空席はn型半導体中少数キャリヤであるホール生成と等価であり，生成されたホールは，図のように多数キャリヤである自由電子が再結合によって埋めてしまうのである。ここでも実は，必ずしもこのような2段階のプロセスを考えなくとも，n型半導体中「伝導帯」に存在する自由電子が直接金属Cに移動したと考えても，それらの終状態は等しい。いずれにせよけっきょく，両方の接触界面では共に，半導体側から金属側へマイナス電荷が1個移動したことには変わりはない。その結果，電荷中性だった各半導体にはプラス電荷が必ず1個ずつ生成されていることになろう。

続いて2個目の電子が各半導体から金属Cへ移動した状態について考えてみよう。**図 11.13** には，それらの移動によって，初期状態の図11.11から消えた電子（図中太四角），新たに出現した電子（図中太丸）を描いてみた。いずれも2個ずつの電子が各半導体から金属Cへと移動した結果である。これを，移動した結果顕在化するプラス，マイナスの各電荷を明示的に示すために，改めて普通のバンド図（図11.10の形式）に描いてみれば，**図 11.14** のようになる。状態密度の違いを反映して，金属内で顕在化する電荷はすべて「最表面」での電子であり，p型半導体中では多少分布に幅を持ったホールとなる。一

p型半導体　　　金属C　　　n型半導体

図11.13 金属‐半導体接触（2）——2個ずつの『電子』が移動したことによる，消えた電子（太四角）と出現した電子（太丸）（全電子表記）——

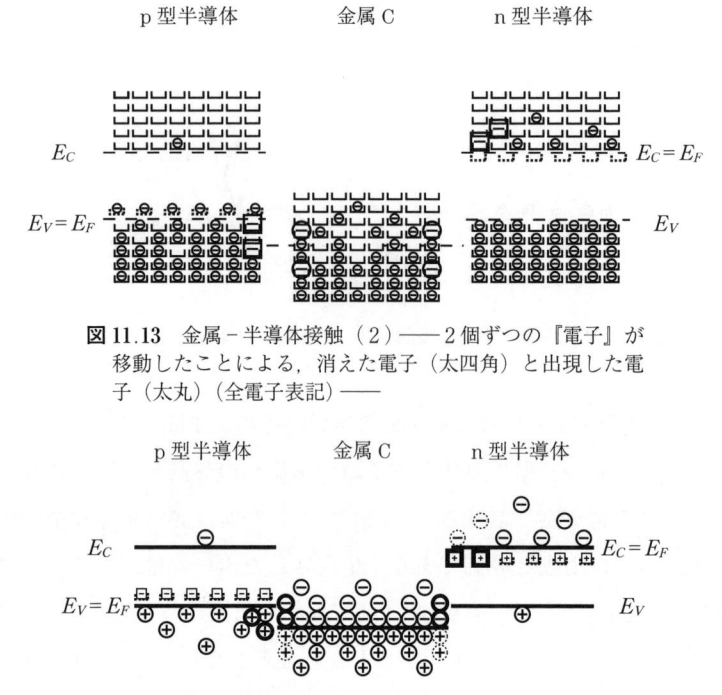

図11.14 金属‐半導体接触（2）——2個ずつの『電子』の移動後の状態——

方，n型半導体中では，同じプラス電荷でも，多数キャリヤの消失に伴って顕在化した不純物原子由来の空間電荷（⊞）であり，これが一様の濃度で半導体内部に向かって広い分布を有することになる。

　通常のバンド図である図11.10から図11.14に至る過程を，ここまでは電子が移動するという大前提に従って図11.11～図11.13を経由して追ってきたが，この動きを直接示すと**図11.15**のように描ける。見方を変えたこの図では，あたかも金属Cにある「ホール」が各半導体に移動したと解釈することができる。当然本来は，電子がフェルミ準位の高いほうから低いほうへ移動する。ただしそれを通常のバンド図では，フェルミ準位の低いほうから高いほうへホールが移動すると解釈しても，その結果は等しいものとなる。図5.11で述べたように，電子が下に落ちる実際の動きを，電子が詰まった中を空席であ

11.4 金属−半導体接触（2）

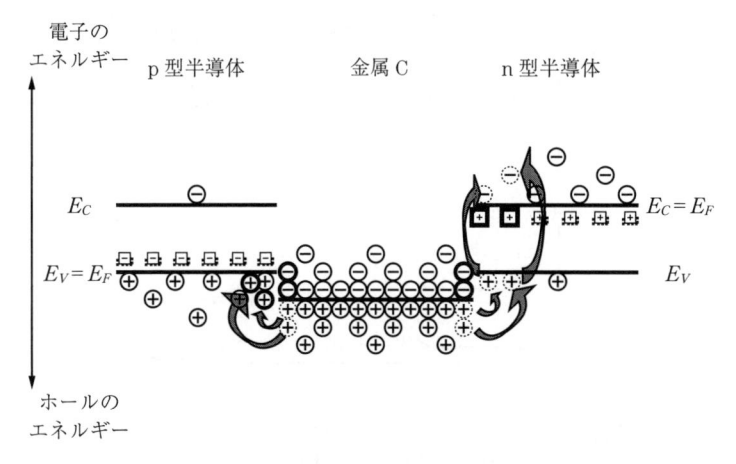

図 11.15 金属−半導体接触（2）——図 11.10 から 2 個ずつ『ホール』が移動——

る「泡」が昇っていくと表現することと等価である．電子が空席へ移動する現象を，視点を変えて，空席が電子のいた場所へ移動すると表現しただけである．思い起こしてみれば，エネルギーバンド図とはあくまで『電子』のエネルギーを表したものであり，上向きを正としてそのエネルギーを示している．したがって，空席である「ホール」にとってみれば，図に示したように下向きが正となるのである．ホールの立場に立って考えれば，図に示したように，金属 C から，各半導体に「落ちていく」のはきわめて自然な振舞いと考えられる．

さて，「電子」の立場に立っても，空席である「ホール」の立場に立っても，図 11.10 を出発点として 2 個ずつの「キャリヤ」が移動した結果顕在化するものは，図 11.14 あるいは図 11.15 に示された太線で囲まれた電荷である．これによって生成される電位差，およびそれを反映したバンド図を**図 11.16** に示そう．前節同様，この詳しいアプローチについては 9 章を参照していただきたい．ここでも電位の基準として，中心にある金属 C をゼロ電位であるものとして描いてある．両半導体から金属へのマイナス電荷の移動（あるいは金属から両半導体へのプラス電荷の移動）であるから，金属に対して両半導体側の電位が上がることになり，さらに，同数の電荷の移動であっても，顕在化した電

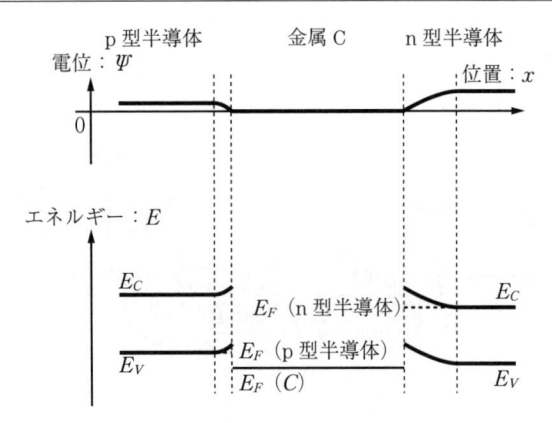

図 11.16 金属-半導体接触（2）── 2 個ずつキャリヤが移動後の各界面の電位差とバンド図 ──

荷の位置によって，その電位の上がり方が異なるのは，前節と同様の結論である。さらに，各半導体のバンド図に注目すれば，金属 C との接触界面におけるキャリヤが，p 型表面ではホールが蓄積され，n 型表面では空乏化している。これらも，図 11.13 あるいは図 11.15 に示した電荷移動の結果と同義である。

2 個ずつのキャリヤの移動に伴い，接触界面の半導体側には電位差ができ，金属と両半導体とのフェルミ準位の差は少なくなったが，その差がまだ 0 ではない以上，同様のキャリヤの動きは続くことになる。各接触界面での一方向へのキャリヤの移動が終わった段階での最終的な電位分布およびバンド図を**図 11.17** に示す。三つの領域すべてのフェルミ準位が一致し，いわゆる「熱平衡状態」になった状態である。両界面ともに大きさは異なるものの似たような電位分布およびバンド図になっているが，これも前節同様，左界面はオーミック接触，右界面はショットキー接触と区別される。前者は，オーム性，すなわち，印加電圧極性にかかわらず，印加電圧の絶対値が等しければ，基本的には電位の高いほうから低いほうへ等しい量の電流が流れるのに対し，後者は，整流性を有する接触界面となる。前節同様これらの違いを簡単に把握するには，金属との接触によって各半導体の表面が，元来ある多数キャリヤが増える方向になっていればオーミック，減る方向になっていればショットキーになると理

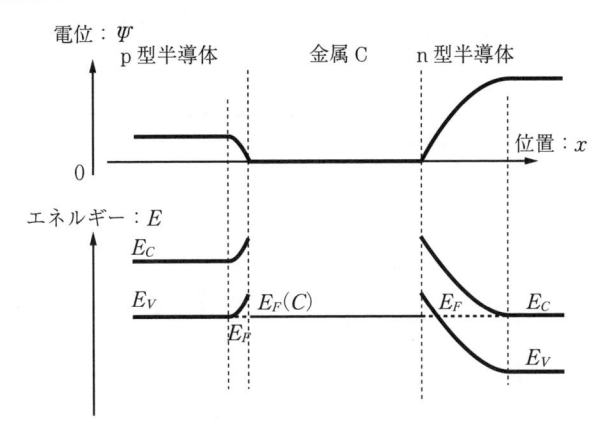

図 11.17 金属−半導体接触（2）── 熱平衡状態に達した両接触界面の電位分布とバンド図 ──

解できる。

11.5 ショットキー障壁（ショットキーバリヤ）

　前節までの2パターンで，金属-半導体接触にはオーミックとショットキーがあることを示した。特にこの節では，後者がなぜ整流性を示すのかに的を絞って議論したい。

　図 11.18 は，金属Bと，n型およびp型半導体との接触の電位分布およびバンド図である。これまでのパターンから，金属Bはn型に対してもp型に対してもショットキーとなることが示されている。けっきょく，接触させる金属のフェルミ準位が，半導体材料のバンドギャップ内に位置すれば（もっと正確にいえば，n型，p型のフェルミ準位間に位置すればとなるが，11.2節の冒頭で示したように，各フェルミ準位をそれぞれE_Vの位置，E_Cの位置にあると仮定したので，このような表現をしている），基本的にはn型もp型も表面多数キャリヤが失われる方向にキャリヤの移動が行われ，半導体内では不純物由来の空間電荷が電気力線の始点あるいは終点となり，空乏化することになる。

　さて，バンド図の図中各接触界面に描いたものが**ショットキー障壁高さ**

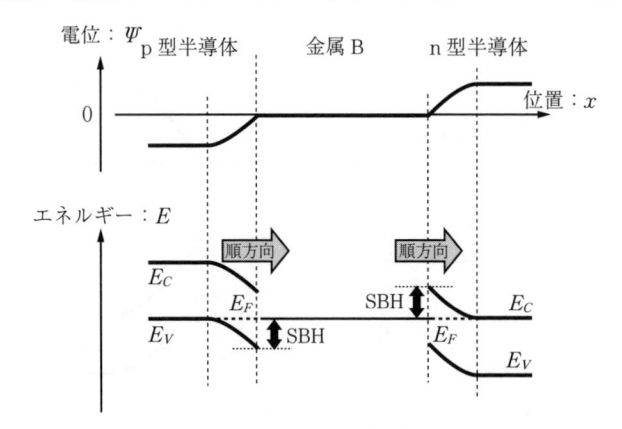

図 11.18 金属 (B)-半導体接触の電位分布とバンド図

(Schottky barrier height, SBH) と呼ばれるものであり，この存在が図中に示した方向への電流（順方向電流）だけを流し逆方向へは流さないという整流性を担っている．この理由を，それぞれの接触に対して考えてみよう．

図 11.19 は，金属 (B)-p 型半導体の，各バイアス状態によるバンド図の変

（a）平衡状態

（b）順方向バイアス　　　（c）逆方向バイアス

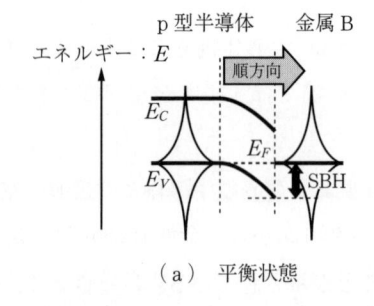

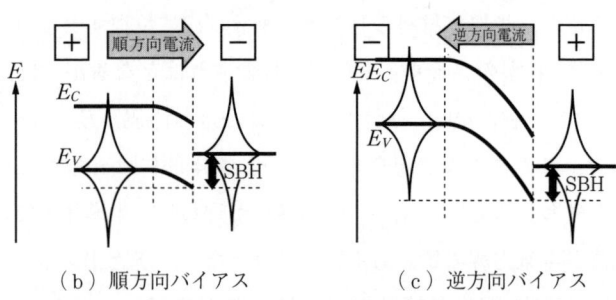

図 11.19 金属 (B)-p 型半導体接触のバンド図

11.5 ショットキー障壁（ショットキーバリヤ）

化を示したものである。図（a）が図 11.18 の左側から抜粋した平衡状態，図（b）が順方向に電流が流れるように，左側の p 型半導体にプラス，右側の金属にマイナスを印加した状態，図（c）は逆方向，すなわち左側にマイナス，右側にプラスを印加した状態のそれぞれのバンド図である。各図中にはこれまでと同様，フェルミ・ディラック分布に基づいた曲線ひし形をそれぞれ描いてある。

　図（a）では，左右各領域の曲線ひし形はまったく同じ高さに位置することから，これまで述べてきたような「平衡状態」，すなわち一方向へのキャリヤ移動は起こらない状況であるが，図（b），（c）ではそれらの位置が上下にずれている。図（b）の順方向バイアスでは，電子の半導体側への移動と，ホールの金属側への移動が同時に起こり，それらはいずれも右向きの順方向電流の要素となり得るが，曲線ひし形が示すキャリヤ量は，フェルミ準位に近付けば近付くほど桁で増加するため，移動キャリヤの量はホールの金属側への移動が圧倒的に多い。当然，順方向バイアス電圧を増大させ，半導体側のバンド図をさらに下げれば，金属側へ移動するホール量は指数関数的に増大し，電流も同様に増加する。一方，図（c）の逆方向バイアスでは，バイアス電圧に従った逆方向電流は右から左，すなわち自由電子が電流方向とは逆に半導体側から金属側へ移動するか，ホールが金属から半導体側へ移動することによってその電流は流れるが，前者は，そもそも p 型半導体中の少数キャリヤである自由電子はその密度がきわめて小さいためにほとんど流れない。一方でホールの移動は，図では前者よりは可能性があるが，そもそも SBH より下の（ホールだからそれよりもエネルギーの高い）金属中ホールしか半導体側へ移動することができない。先にも記したように，フェルミ・ディラック分布に基づいた曲線ひし形は，フェルミ準位に近付くほどそのキャリヤ数は桁で増加するが，そのキャリヤの大半は，残念ながら SBH に阻まれて半導体側への移動が不可能であり，ごく少数のホールが半導体側へ移動できるだけである。加えて，逆方向バイアスで重要な点は，仮に逆方向印加電圧をさらに増大させても，空乏層の伸びとともに半導体側のバンドをさらに上方に押し上げるだけであり，接触界

面における SBH 自体は不変であることである．したがって，移動できる金属内ホールの量は変わらず，電流値は増えない．

これらの考察をまとめれば，順方向バイアスを印加した場合は，印加電圧増加に伴う電流の指数関数的な増加が見込まれるのに対して，逆方向では SBH で決まる金属内ホール量が電流量を制限しており，印加電圧を増大させても電流値はその値で飽和してしまう．当然のことながら，p 型半導体に対して金属 A のような仕事関数の小さな金属を用いれば，図 11.8 に示したように，接触界面における SBH は大きくなるので，その逆方向飽和電流もほとんど流れなくなるであろう（もちろん，順方向に電流を流すためには，図 11.8 より，より大きな電圧印加が必要となるであろうが）．

なお，上記議論では金属中のホールが流れ込むという前提で話を進めてきたが，読者の方々にはぜひ，その実態として p 型半導体価電子帯中の電子が金属の空席に向かって流れ込むという絵を，図 11.11 などを参考にしながら描いてみて，理解をさらに確かなものにしてほしい．

続いて，**図 11.20** には，金属 (B)-n 型半導体のバンド図変化を同様に示した．これまでの図を活用できるよう，図 11.18 の向きをそのままに，各バイアス状態のバンド図を描いてある．ここでも図 (b) 順方向電流をもたらす支配的なキャリヤは，半導体中多数キャリヤであることが図から容易にわかり，順バイアス印加電圧増加に伴う電流の指数関数的増加が理解できる．一方で，図 (c) 逆バイアス印加では，金属の自由電子の大半が SBH によって移動を阻まれ，SBH を超えたごく一部の自由電子しか n 型半導体中には移動できないことが理解できるであろう．逆方向バイアス電圧を増加させても，半導体中の空乏層の増大とバンドの低下が起こるだけであり，SBH を超える自由電子数は不変であることから，先と同様，電流値の飽和が起こることがわかる．

(a) 平衡状態

(b) 順方向バイアス　　(c) 逆方向バイアス

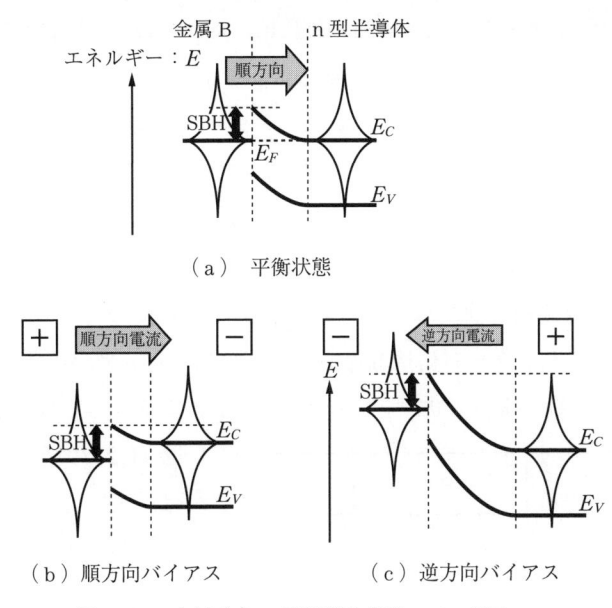

図 11.20　金属 (B)-n 型半導体接触のバンド図

11.6　金属‐半導体接触の実用上の問題と解決法

　これまでの議論から明らかなように，ある1種類の金属を用いて，p, n 両半導体とオーミック接触を取ることは不可能である．再び図 11.2 に戻って説明すれば，p 型半導体とオーミックを取るためには金属 C を，n 型半導体とオーミックを取るためには金属 A を，それぞれ用いなければならない．したがって，図のような配列でそのまま p 型半導体‐金属‐n 型半導体という接続をすれば，どの金属を使っても必ず，どちらかの金属‐半導体接触では右向きを順方向とするショットキー接触となる．これは例えば，pn 接合ダイオードを金属を介して二つ直列につなぐというきわめて単純な構造でさえ，所望の整流性はけっして得られないという結論につながる．どちらか（金属 A または C を用いた場合）あるいは両方（金属 B を用いた場合）の金属‐半導体接触で，ダイオードとは逆方向の整流性が生じることになるからである．

これらの問題を解決するために一般に用いられるのは，接触する金属近傍領域の半導体不純物濃度を極端に上げる（p→p$^+$，n→n$^+$との表記が，不純物濃度が高いということを意味している）という手法である．その例を図 11.21 に示そう．上がその構造図，下が対応するバンド図であり，具体的には金属 B を用いた図 11.18 の金属-半導体の二つの接触を両者ともにオーミック化する手法である．図中に残した順方向の矢印は，これまでの議論から明らかなように，1）左側接触界面では，金属から p 型半導体へのホール移動が SBH によって妨げられ，2）右側接触界面では，金属から n 型半導体への自由電子移動がこの障壁によって妨げられるということによるものであった．ただし，

図 11.21 の図 11.18 との違いは，大きな不純物濃度（ヘビードープ）によって，半導体内に現れる空間電荷密度が増加することによって，空乏層が短くなることである．その結果この障壁は，図 11.18 に示したものとまったく同じ高さを有するものの，その厚

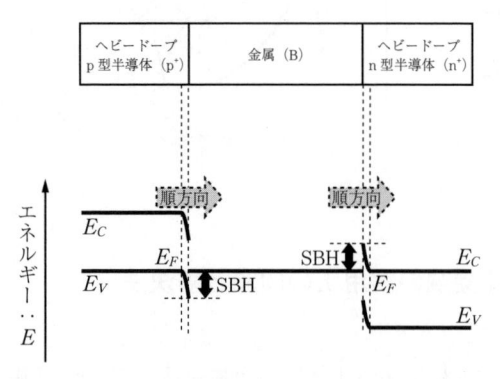

図 11.21 オーミック性を有する金属（B)-半導体接触

さがきわめて薄くなってしまう．電子やホールといったミクロな粒子は，粒子性とともに波動性をも有する（**波束**（wave packet）という呼び方もされる）ことが知られており，このような薄い壁は通り抜けてしまうのである．したがって，せっかくの SBH もその厚さが薄ければ，電子やホールの移動を妨げることができずに，整流性を失ってしまう．デバイスの参考書などで見られる，金属と接した半導体領域は，そのほとんどが p$^+$，n$^+$ となっているのは，上記理由によっており，そこでは整流性はなくオーミック性の接触であるということを暗に物語っているのである．

11.7 ま と め

　意識せずに使っている電線も，その素材によって接触させる材料の見掛けの特性を大きく変えてしまう。歯医者に行って，1本金歯にしてしまったら，いずれすべてを金歯にしなければならないなど，個人的に言及したいことはたくさんあるが，まずは読者の方々が，この章の内容を十分理解して，金属の仕事関数や，接触させる材料のフェルミ準位を把握して，実験などに臨んでいただければ，著者のこの上ない喜びである。

12 バイポーラトランジスタとその電気特性

　トランジスタを学び始めた学生が最初に面食らうのは，図 12.1（a）に示すように，その素子から 3 本の足（配線）が出ていることだろう．電気電子分野を志した学生であったとしても，それまで学んできたものは，R, L, C, 直流電源，交流電源，あるいは 10 章で示した pn ダイオード，…，素子と呼ばれるものはいずれも，そこから出ている足は 2 本であり，そこの両端子間に電圧が与えられ，電流が流れるもの…，であった．それでも根性を振り絞って何とか講義に食らいついていこうとしても，つぎに待ち受けているのは，下図（b）に示すような特性グラフ…（線の本数がもっとたくさん書いてあることが実際には多い）．確か，高校でやったのは，グラフって，関数を表したもので，その定義は，横軸値が定まれば，縦軸値が一義的に決定されるもの…．それなのになぜ，複数の線が描いてあるんだ？

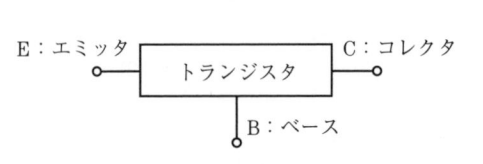

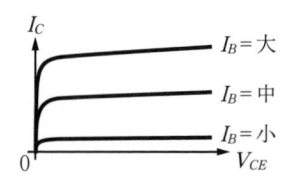

（a）　トランジスタの構造　　　　　（b）　トランジスタの特性グラフ

図 12.1　トランジスタの構造と特性グラフ

　実際，現代社会はトランジスタなくしては成り立たないといっても過言ではないのに，その基本的動作概念が，一般人はおろか，上述した複数のバリヤによって跳ね返されてしまった電気電子分野の学生にもよく知られていないという事実は，驚愕に値する．まあ，現代社会を見渡してみれば，原理など知らずとも使いこなせる機器はそれこそ星の数ほどあるので，使う側に徹すると考えるならば，特に驚くことではないはずなのだが….

　最終章となるこの章では，トランジスタの詳細な構造を示し，そこからなぜ，図 12.1（b）に示したような特性のグラフが生じるのかとともに，なぜそこに複数の線が描かれているのかについて理解することを目的とする．

12.1 バイポーラトランジスタの詳細構造と各端子の役割

図 12.2 に，バイポーラトランジスタの構造を示す。バイポーラトランジスタには2種類あり，図に示したように図（a）のnpn型と，図（b）のpnp型がある。いずれもその名のとおり，n型半導体-p型半導体-n型半導体という，p型をn型2枚でサンドイッチした構造と，その逆のサンドイッチ構造であり，真ん中のハム部分に接続されているのが，B（ベース）端子，パン部分にはE（エミッタ），およびC（コレクタ）の端子がつながっている。

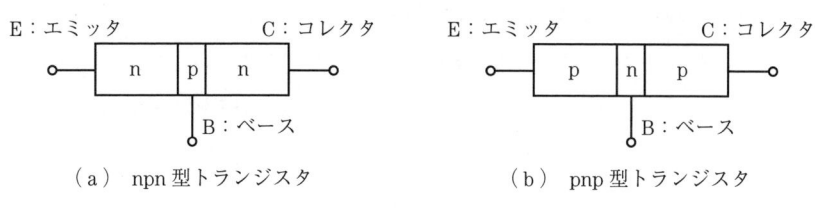

(a) npn 型トランジスタ (b) pnp 型トランジスタ

図 12.2 バイポーラトランジスタの構造

最初に，トランジスタとはいったい何者か？について，**図 12.3** を使って説明してみよう。いずれも，水の満たされた二つの池の間にパイプがつながっているものである。図（a）はその二つの池の高さが等しく，その間のパイプには水は流れない。一方，図（b）は，右側の池の高さが低いため，その落差に応じて水は流れる。この力学的落差を，トランジスタでは左右の池の電位差，すなわち V_{CE} の値として与え，流れる量（I_C）を決めるのである。ただし，これだけでは，左右に落差をつけて高いほうから低いほうに電流が流れる単なる2本足の抵抗と本質的に変わらないが，図（c）のイメージがトランジスタの3

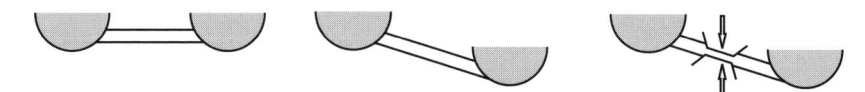

(a) 左右の高さが等しい場合 ($V_{CE}=0$)
(b) 右の高さを下げた場合 ($V_{CE}=$大)
(c) 途中の管を細く絞った場合 ($I_B=$小)

図 12.3 トランジスタの基本的な動作

本目の足の役割を端的に表しており，それが左右に流れる量を別途制御できるということである．力学的に表現すれば，パイプの太さを制御することで，二つの池の落差が変わらずとも，その間に流れる水の量を自由にコントロールできるというものである．このパイプの太さを電気的に制御するのが，ベースから流し込む電流 I_B である．これらの比喩を踏まえて，図 12.1（b）のグラフを書き換えてみよう．**図 12.4** にそれを示す．ぜひ，図 12.3 と見比べながら，それらの場合の流れる水の量の変化を考えてほしい．

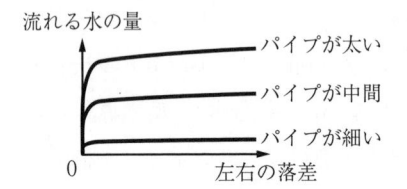

図 12.4 トランジスタの特性グラフの比喩的表現

さて，このようなものが，なぜ現代社会になくてはならないものなのか．ちょっと不思議ではあるが，一言でいえば，管の断面積を制御する I_B の「変化」に対応して，左右を流れる電流 I_C の「変化」が，100 倍〜1 000 倍にもなるということである．これは，信号の**増幅**と呼ばれるものであり，カラオケ店になくてはならないものなのである（別に現代社会がカラオケ店といっているわけではない）．さらにこの特性は，電気的なスイッチとしても使えるのである．スイッチの ON-OFF それぞれの状態を一つのデバイスと考え，その I-V 特性を描けば，**図 12.5** のようになるが，図 12.3 に示した管の断面積，すなわちベースから流し込む I_B の値を，大，小と変えることで，トランジスタがスイッチ ON-OFF の二つの状態を作り出すことができるのである．

トランジスタの三つの端子の名称は先に示したが，これらは，パン部分の E（エミッタ）は emission（放出），C（コレクタ）は collection（収集），ハム部分の B（ベース）

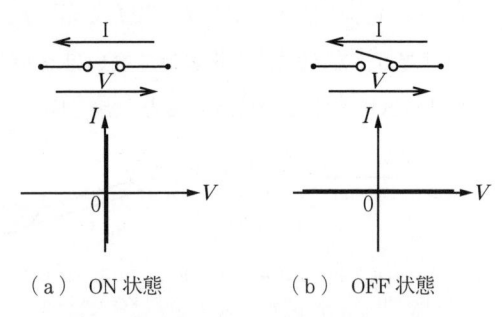

（a） ON 状態　　　（b） OFF 状態

図 12.5 スイッチの ON，OFF それぞれの状態の I-V 特性

はbase（基盤，台座）という意味から命名されている。トランジスタの左右を流れる電流をもたらすキャリヤが，エミッタから放出され，コレクタに収集される。その際に，ベース端子から流し込むベース電流によって，台座を動かし，左右を流れる電流を制御してやるという意味を有している。

12.2 特性グラフを読む

図 12.6 に，npn 型バイポーラトランジスタの特性グラフの一例を示す。また，このグラフに記されている横軸値，縦軸値，およびグラフのパラメータの模式図を**図 12.7** に示しておこう。

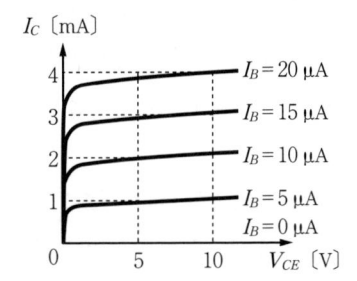

図 12.6 npn 型バイポーラトランジスタの特性グラフの一例

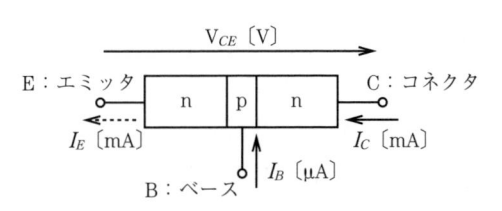

図 12.7 図 12.6 のグラフ内数値の模式図

グラフの横軸である V_{CE} 〔V〕は，図に示すように E（エミッタ）端子から見た C（コレクタ）端子の電位である。グラフを見ればその値が正であることから，図中左端子に対して右端子の電位を上げることになる。それによって当然，高いほうからから低いほう，すなわち右端子から左端子に向かって電流が流れるが，そのときの右端子側からトランジスタ内部に入る電流がグラフの縦軸の I_C 〔mA〕となる。もちろん，この電流はそのまま左端子のエミッタ側に流れ込むが，一方で制御用のベース電流 I_B 〔μA〕も流れる先はけっきょくエミッタ側となるので，図中には両方が加算されてエミッタ側から流れ出る電流 I_E も点線で加えて記載してある。もっとも，I_C は mA，I_B は μA オーダなので，

一般的には

$$I_E = I_C + I_B \cong I_C \tag{12.1}$$

と近似でき，コレクタ電流 I_C とエミッタ電流 I_E は等しいと考えるのが普通である。

さて，ここまで説明して，ふと，読者の方々の立場に立って読み返してみると，説明が2点ほど不足していることに気が付いた。1点目は，図12.6横軸の V_{CE} という表記法である。これは，必ず以下のような約束の下に記されるものであり

V_{AB}：$V_{(A\,from\,B)}$　Bの電位を基準電位（0 V）としたときのAの電位

という意味である。A-B間の電位差ではあるが，より詳しく表現すればBから見たAの電位を示すことになる。したがって，V_{CE} の値が正であるということは，前述したように左のE端子に対して右のC端子の電位がその値分だけ高いことを意味し，それによって当然，電位の高いC端子からそれが低いE端子に向かって電流が流れることになるのである。

2点目は，まさに上記説明が，図12.3に示した動作概念とまったく逆になっていることである。本書でこれまでも幾度か触れてきたが，電位の正負，電流の向きに対して，それをつかさどる電子は，位置エネルギーの上下，流れの向きが両者ともに逆であることがその理由である。したがって，図12.3での概念は，電子の流れを念頭に置いた図であり，この場合の電位は下が正，電流は電子の流れとは逆向きに流れることに注意してほしい。

12.3　特性を生じさせる要因

前節に示したように，電子の流れに基づいた電流としてトランジスタ特性を理解するために，これまで用いてきたバンド図を用いて考えてみよう。図12.8は，E，B，C各領域をつかさどるnpn各半導体をくっつけた後，すべての端子電圧を0Vとした場合のバンド図である。これが，二つのpn接合が互いに反対向きに接合されたものとなるのは，トランジスタ構造を考えれば自明

であろう。10章で議論したpn接合のバンド図を二つ逆向きにつなげたものである。当然，すべての領域のフェルミ準位E_Fは等しくなっており，それに基づいた曲線ひし形が各領域のキャリヤの分布を示している。ここで，いずれの領域も，そこに接続されている同種金属配線はすべて，オーミック接触をしているものとしておこう（実際のデバイスでも，金属配線との接触部分はヘビードープされている）。バンド図では両接合の内蔵電位によって，p型の電位が左右のn型領域に比べて低くなっていることがわかるが，上記条件の下で接触された同種金属端子3本はいずれも同電位（0V）の状態を維持している。

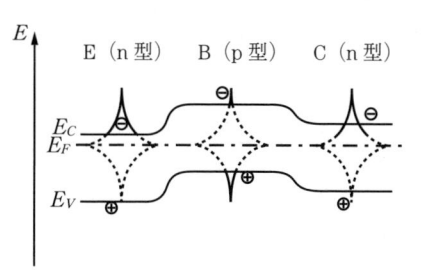

図12.8 npn型トランジスタのバンド図（外部電圧印加前）

この状態はいわば，図12.6の特性グラフにおける，横軸$V_{CE}=0$V，パラメータ$I_B=0\mu$Aにおける状態であり，原点である$I_C=0$mAという結果，すなわち左右のC-E間には電流は流れないという結論が導き出される。もちろん，フェルミ・ディラック分布関数に基づいた曲線ひし形を見れば，EとCとはB領域のE_Cを超えた部分にも，多少のキャリヤがあるが

1) これらキャリヤの数は，実際きわめて少ないこと（これらのキャリヤは，図10.8に示したダイオードの逆方向電流をもたらすと考えることができるが，実際の逆方向飽和電流の値は，図10.2の例を見れば，1μAにも満たないことがわかる）。

2) そもそもE，B，C全領域のフェルミ準位が等しいため，各エネルギーレベルでの存在確率はすべて等しく，一方向の流れは生じないこと。

により，図12.6のようなmAオーダで見たときの縦軸I_Cの値は0mAとなるのである。これらのうち，1）の傾向は，**図12.9**に示したパラメータ$I_B=0$μAを維持したままV_{CE}値を正方向に持っていった場合における状態のバンド図でも不変であり，EからCに流れるとしても，その値は縦軸スケールから

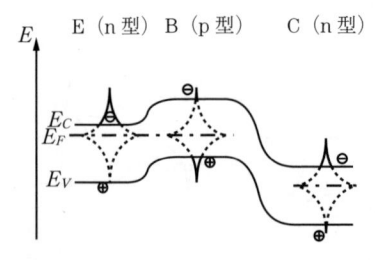

図 12.9 npn型トランジスタのバンド図（$I_B=0\,\mu\text{A}$ のまま，V_{CE} を正方向に増大）

見れば，ほぼ 0 を維持し続けるのである．図 12.6 に示したパラメータ $I_B=0\,\mu\text{A}$ におけるグラフが，x 軸に接しており I_C 値がほとんど増えないのは，上記理由による．これらの議論から明らかなように $I_B=0\,\mu\text{A}$ の状態とは，けっきょく図 12.3（c）に示した管の太さを無限小にしたイメージとなり，バンド図上でそれは，エミッタからベースへの電子注入が妨げられたままの状態と考えることができる．

さてつぎに，図 12.6 の I_C-V_{CE} グラフにおいて，パラメータ I_B を 5 μA に設定したときの V_{CE}-I_C の関係について考えてみよう．まずはそもそも，I_B をある値に設定するための方策を考えてみたい．図 12.7 に目を転じると，この I_B なる電流は B 端子から入って E 端子に抜けていくものである．したがって，I_B を与えるには，もともと与えてある C-E 間の電位差に加えて，E-B 間に別途電位差を与えることが必要となる．具体的には，**図 12.10** に示すような直流電源 V_{BE} を付加すれば I_B は得られるが，図をよく見れば，これは E-B 間 pn 接合領域に順方向電圧を印加したことと等しい．図 12.10 に対応したバンド図を描けば，**図 12.11** に示したものになるが，図 12.9 と比較すると，E-B 間の障壁が下がり，E 領域内電子が B 領域へ入りやすい状態になっていることがわかる．ただし，通常の pn 接合ダイオードと異なることは，B 領域へ注入さ

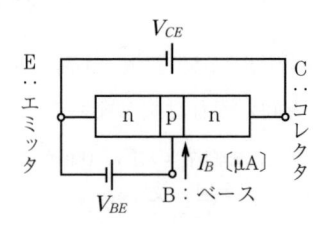

図 12.10　ベース電流を与えるための回路図

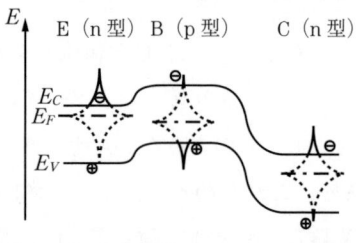

図 12.11　図 12.10 に対応したバンド図

れた電子は,「その大半が」そのまま B-C 間の逆バイアスによって C 側まで到達することである。つまり，もう一つの pn 接合ダイオードとみなされる B-C 間接合は，元来逆バイアス状態になっており，そこに大電流が流れるはずはないのだが，本来 B 領域にほとんどないはずの少数キャリヤである電子が，E 領域から大量に注入されてくるため，ここに大きな電流（その向きはもちろん C→B の向き）が生じるのである。もっともこの動作を実現するためには，C，E 間に挟まれた B 領域の厚さ（要するにハムの厚さ）がきわめて薄く作られていなければならず，実際のデバイスにおける設計指針としては，B 領域の少数キャリヤ拡散長よりもベースの厚み（一般に**ベース幅**と呼ばれる）が薄くなっていることが必要となる。

さて，この障壁の低下は，E 側電子だけではなく当然，B 領域のホールに対しても同様の効果をもたらすことは明らかであり，ダイオードの順方向バイアスと同様に，B 領域から E 領域へホールが注入されることになる。これが，ベース電流 I_B の源の一つとなるのだが，この図 12.11（B-E 間障壁低下後）およびその基となる図 12.9（障壁低下前）をもう一度よく見てほしい。相手方に顔をのぞかせている障壁を超えられる各多数キャリヤ数が，B 領域と E 領域とで違いがあることに気付くだろう。この理由は，E 領域のフェルミ準位（E_F）と伝導帯下端（E_C）間の長さと，B 領域のフェルミ準位（E_F）と価電子帯上端（E_V）間の長さがそもそも異なり，E 領域はよりその長さが短く，フェルミ準位を基準として描いた曲線ひし形の価電子帯，伝導帯へのはみ出し量が，E，B 各領域でそれぞれ異なることによる。実際のデバイスでは，これらを実現するために

$$\text{エミッタ不純物密度} \gg \text{ベース不純物密度} > \text{コレクタ不純物密度} \tag{12.2}$$

となるように作成されており，エミッタ領域の多数キャリヤ密度（すなわち不純物密度）はほかの領域に比べてより大きい。この結果，両者同密度の不純物濃度を有する pn 接合と異なり，E から注入される電子のほうが，B から注入されるホールよりも圧倒的に多くなるのである（曲線ひし形の各エネルギーで

の幅が，キャリヤの数自体というよりはむしろキャリヤ数の桁数を表しているということを思い出してほしい）．したがって

　　　　ＥからＢへ注入される電子数：圧倒的に多い　→　Ｃ側へ抜けていく
　　　　　　　　　　　　　　　＝コレクタ電流 I_C （mA オーダ）

　　　　ＢからＥへ注入されるホール数：ほとんどない　→　Ｅ側へ抜けていく
　　　　　　　　　　　　　　　＝ベース電流 I_B （μA オーダ）

（実はベース電流の成分は，上記Ｅ側へ抜けていくホールよりも，Ｃ側へ抜けていくはずの電子のごくごく一部（上述した「その大半が」の残りの電子）が，Ｂ領域内でホールと再結合することによって流れるもののほうが支配的である．それでも，上記のオーダの差は不変である）．

という関係になり，この状態がもたらす各電流値は，図 12.6 に例示したようなグラフ，すなわち，パラメータ I_B を 5 μA に設定すれば，V_{CE} を与えることで I_C はほぼ 1 mA 程度流れるといった結論が得られるのである．このメカニズムが理解できれば，I_B を維持したままさらに V_{CE} を増加させたとしても，I_C の値が飽和傾向にある理由は明らかであろう．ＥからＢへ入り込める電子数が I_C の上限を決めており，B-C 間の逆バイアス電圧を増加させても電流が増えないのは，例を挙げれば，「華厳の滝」の滝壺をさらに深く掘り下げても，滝の水量が増えないのと一緒である．

　まったくの余談ではあるが，視野を世界に広げると，そこには不思議がまだまだたくさん詰まっている．あまりにも滝の落差がありすぎて，滝の入口（水が流れ落ち始める場所）での水量は十分あるのに，落下途中でまさしく雲散霧消，滝壺にはまったく水が届かないというところが南米のどこかにあるらしい．ぜひ一度，この目で確かめたいものである．

　バイポーラトランジスタではこのような雲散霧消現象はあり得ないが，滝の落差を増やすべく V_{CE} を増加させると，上記の滝のような I_C の減少とは逆に，I_C が増大してしまうことがある．図 12.11 に示した B-C 間の逆バイアスによる空乏層は，なるべくＣ側に伸びるべく，式 (12.2) で示した不純物密度の関係を保つように作成されるが，それでも V_{CE} をあまり大きくし過ぎると，そ

の空乏層がB側にも伸びてきてしまい，元々薄いB領域を超えて，その空乏層がE領域に達してしまうことによる．これを**パンチスルー現象**と呼ぶ．その結果，E-B間の障壁が低くなり，EからBへの電子注入量が増えてしまう．いわば，飽和している図12.6に示した各特性グラフが，さらに大きな V_{CE} を印加すると徐々に右肩上がりになってしまうのである．

さて，通常の V_{CE} の範囲で I_B を10，15，20，…〔μA〕と上げていった場合の特性グラフの振舞いは，これまでの議論から明らかなように，図12.10に示した V_{BE} を増加させることによってE-B間の障壁を徐々に低下させ，EからBへの注入電子量と，BからEへの注入ホール量およびB領域内再結合をそれぞれ増加させる．前者はそのほとんどがコレクタ電流 I_C となり，後者が I_B となることは明らかであり，これらを総合した結果として図12.6に示したグラフのような特性が得られるのである．

12.4　増　幅　と　は

本書最後の節にたどりついた．本書の目的は，半導体を駆使して構成したダイオードやトランジスタといった電子デバイスの非線形特性が，「なぜ，そのような特性になるのか？」ということを初学者が理解することであった．この目的は十分達せられたと自負しているが，一方でこれがどのような形で使われているのかを，身近な話題で最後に提供したいと思う．

図12.12に小さい音と大きい音の概念図を示す．講義等において教官の発す

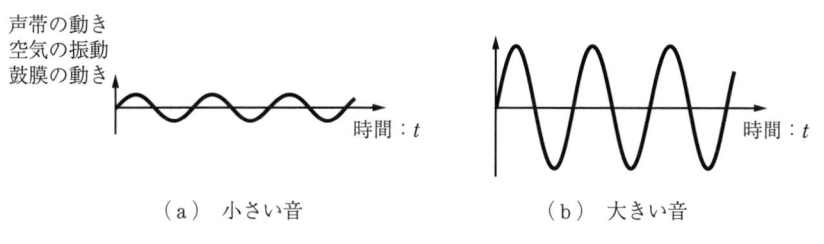

（a）小さい音　　　　　　　　　（b）大きい音

図12.12　小さい音と大きい音の概念図

る音声が受講生の耳に届くのは

　　　　教官の声帯が震える　→　空気が振動する　→　鼓膜が振動する

という過程を経て伝わる．大きな振幅で声帯を震わすことのできる教官（要するに，声のデカい奴）は，図（b）のような振動を教室内に拡散させるため，（もちろん遠ざかれば遠ざかるほど徐々にその振幅は減衰するが）大教室の最後列に座った学生の鼓膜をも十分振動するように講義を進めることができる．一方で，小さな振幅でしか声帯を震わすことのできない教官は，図（a）のような振動しか発しないため，残念ながら最前列およびそのつぎ程度までしか講義内容が聞こえない．そのために，マイクがあり，増幅器（アンプ）を経て，スピーカを鳴らすことで，図（a）を図（b）のように縦軸だけを拡大することができるのである．

　実際，声帯の動きを反映した空気の振動を，同様の動きをする電気信号波形に変換するデバイスがマイクであり，その電気信号波形を空気の振動に戻す役割を担うのがスピーカである．したがって，**図 12.13** に示すように回路を構成し，伝搬の途中で電気信号

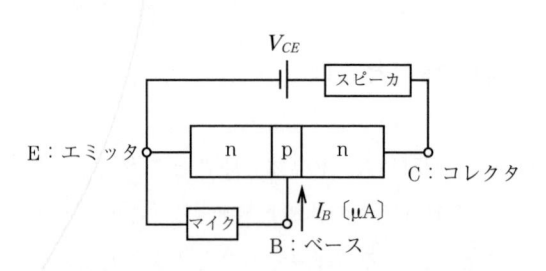

図 12.13　マイク，アンプ，スピーカの役割

の振幅を増大させれば，講義も聞きやすく，カラオケでも美声か下手かにかかわらず，自分の声以上の音量で周りに響き渡らせることが可能となる．実際，図 12.13 におけるマイクからの信号電圧の「変動」が V_{BE} の「変動」の役割を担い，その変動に同期されて I_B が μA オーダで変化する．その変化の速度は，人間の音声が通常 20 〜 20 000 Hz の範囲内であることから，最大で 1 秒間に 20 000 個の波（1 波長分）ができるような変化スピードであるから，トランジスタ自体の特性が図 12.6 に示す何本もの特性グラフを，そのスピードで移り変わっていることになる．この結果，スピーカを含む回路に流れる電流 I_C は，同グラフより mA オーダで変化するから，スピーカの振動振幅は最大数

百倍にも達することになる。いわば，図12.12（a）がマイクへの入力の音声，図（b）がスピーカからの出力の音声の模式図となり，当初の目的である，振動の縦軸拡大，すなわち「信号の増幅」が可能となるのである。

　実際，これを実現するためには，概念図としての図12.13ではまだ不足しており，信号入力側であるB-E間に付加する直流電源，あるいは，V_{CE}の一部を取り出してそれを賄うことや，出力側にも発熱に伴う増幅度の変化を抑制する帰還回路を設置するなど，各種工夫が必要となるが，それは各種参考書を読むなりして，ぜひ読者自身が理解を進めてほしいと切に願っている。

12.5　ま　と　め

　本書最後となる本章では，トランジスタという電気電子分野には必須の，しかし，初学者にとっては理解するのが非常に困難なデバイスの特性について，その理由をなるべく簡潔に説明したつもりである。グラフに，何本もの線がある理由とともに，その特性を示すメカニズムが理解していただけたら，著者の何よりの喜びである。

索引

【あ行】

アインシュタインの関係 145
アクセプタ密度 116
アース 6
イオン化不純物散乱 134
位置エネルギー 18, 21
移動度 136
イレブンナイン 60
運動エネルギー 21
エネルギーギャップ 50
オーミック接触 187
オームの法則 1

【か行】

拡散係数 142
拡散電流 16, 139
活性化 78
価電子帯 50
逆バイアス状態 165
逆方向飽和電流 165
キャリヤ 16
　——の散乱 134
境界条件 153
共有結合 61, 63
禁制帯 82
金属-半導体接触 158
空間電荷 83, 104
空乏層 172
クーロン力 29
格子散乱 134
合成抵抗 3
合成容量 4
勾配 12

【さ行】

コンセント 4
再結合 169
仕事関数 179, 180
質量作用の法則 76, 120
自由電子 60, 67
順バイアス状態 165
少数キャリヤ 118
状態密度 45, 74
状態密度関数 119
ショットキー障壁高さ 195
ショットキー接触 187
シリコンイオン 62
真空準位 43
真性キャリヤ密度 72
真性半導体 60
真性フェルミ準位 91
真性領域 125
正孔 60, 69
正バイアス状態 165
整流性 163
接触電位差 180
絶対温度 54
増幅 204

【た行】

第二宇宙速度 32
多数キャリヤ 118
立上り電圧 165
中性領域 172
抵抗 2
抵抗率 58
電圧 1

電位差 2, 13
電界 1, 13
電荷中性 35, 61
電子雲 36
電束 149
電束密度 149
電池 2
伝導帯 50
電流 1
電力 7
凍結領域 124
ドナー密度 116
ドリフト速度 136
ドリフト電流 16, 136

【な行】

内蔵電位 176
熱平衡状態 187
濃度勾配 142

【は行】

波束 200
ばね 26
ハミルトニアン 37
パンチスルー現象 211
バンドギャップ 50
万有引力 23
比誘電率 150
標高差 12
フェルミ準位 43, 54, 121
フェルミ準位（の再定義） 57
フェルミ・ディラック分布
　関数 53
不確定性原理 36

不純物	77	
不純物準位	82	
負バイアス状態	165	
平衡状態	171	
ベース幅	209	
ポアソン方程式	153	
飽和領域	124	

ホール	60, 69	
ボルタ効果	180	
ボルツマン定数	54	
ボルツマン分布	120	

【や行】

有効質量	132	

溶融シリコン	97	

【ら行】

粒子保存則	143	

【B】

Boltzmann 分布	120	

【F】

Fermi-Dirac 分布関数	53	

【I】

I-V 特性	163	

【M】

MOS 構造	161	

【N】

n 型半導体	78	

【P】

pn 接合	160	

p 型半導体	98	

【S】

sp^3 結合性軌道	48, 61	
sp^3 混成軌道	61	
sp^3 反結合性軌道	48	

【数字】

3s バンド	42	

―― 著者略歴 ――

1986年 早稲田大学理工学部電子通信学科卒業
1988年 早稲田大学大学院理工学研究科修士課程修了（電気工学専攻）
1991年 早稲田大学大学院理工学研究科博士後期課程修了（電気工学専攻）
　　　 工学博士
2007年 東京農工大学准教授（工学部電気電子工学科）
2013年 東京農工大学教授（工学部電気電子工学科）
　　　 現在に至る

わかりやすい電子物性
―― はじめて学ぶ電子工学 ――
Introduction to Electronic Materials
―― Electronic Engineering for Beginners ――

© Tomo Ueno 2013

2013年4月30日 初版第1刷発行
2022年1月15日 初版第2刷発行 ★

検印省略	著　者	上　野　智　雄
	発行者	株式会社　コロナ社
	代表者	牛来真也
	印刷所	萩原印刷株式会社
	製本所	有限会社　愛千製本所

112-0011　東京都文京区千石 4-46-10
発行所　株式会社　コロナ社
CORONA PUBLISHING CO., LTD.
Tokyo Japan
振替 00140-8-14844・電話(03)3941-3131(代)
ホームページ　https://www.coronasha.co.jp

ISBN 978-4-339-00848-7　C3055　Printed in Japan　　（横尾）

〈出版者著作権管理機構 委託出版物〉
本書の無断複製は著作権法上での例外を除き禁じられています。複製される場合は、そのつど事前に、出版者著作権管理機構（電話 03-5244-5088, FAX 03-5244-5089, e-mail: info@jcopy.or.jp）の許諾を得てください。

本書のコピー、スキャン、デジタル化等の無断複製・転載は著作権法上での例外を除き禁じられています。購入者以外の第三者による本書の電子データ化及び電子書籍化は、いかなる場合も認めていません。
落丁・乱丁はお取替えいたします。